용접가공 일반

김일수 · 김중현 공저

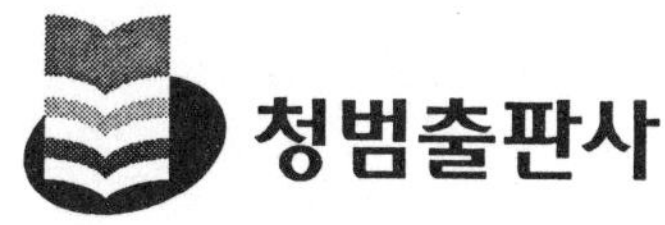

저자 서문

최근 용접기술은 급속히 발전하여 모든 생산분야에서 핵심기술로 분류되고 있으며, 그 적용분야도 초고층 빌딩, 대형탱크, 원자로나 선박 및 우주로켓에서 직접회로의 리드 와이어에 이르기까지 적용범위가 광범위함에 따라 기술 인력의 필요도 급증하고 있다. 따라서, 이 분야에 많은 책이 출간되었고 또 출간되고 있지만 문제집 위주와 차원 높은 금속학적 고찰로 편중되고 있어 용접관련 실무자 및 공학도들을 위한 교재개발의 필요성을 느끼게 되었다.

이에 저자는 대학의 교과서로서 사용하고자 정리한 것이기 때문에 용접기술의 전문분야를 포함하고 있으며, 더욱 최근의 새로운 용접 기술의 해설도 중요시 하여 이제까지 발표된 용접에 대한 학술적인 내용을 요약·정리하여 관련 기술을 많은 그림과 표를 통하여 설명하고자 하였다.

또한 현장에서의 활용도를 위하여 가급적 원리보다는 동작원리 위주로 편집하여 현재까지의 용접기술의 교과서에 비하면 새롭고 쉽게 쓰여져 있으므로 새로 용접을 공부하고자 하는 공학도에게도 적당한 교재가 되리라고 확신한다.

본 교재의 구성을 간단히 기술하면 다음과 같다.

제1장은 용접 가공의 개요로서 용접 및 각 용접법의 특징 및 종류를 개략적으로 설명하였다.

제2장은 용접 자동화 시스템 및 용접 설계 아크용접로봇 자동화 시스템 및 용접 설계에 관한 내용을 취급하였다.

제3장은 용접 공정을 제어하기 위한 접촉 및 비접촉 센서에 관하여 기술하였다.

제4장은 아크 용접용 로봇 장치의 소개 및 주요기능에 관하여 초심자와 미숙련자, 그리고 숙련자 모두에게 올바른 지식과 정확한 기능을 익히게 하도록 설명하였다.

제5장은 레이저 용접의 특징, 공정변수 및 용접부 품질에 관하여 서술하였으며 적용 사례를 통하여 이해를 돕도록 구성하였다.

제6장은 위와 같은 용접작업을 통해 작업된 용접부의 평가를 위해 현장에서 실제로 사용되는 시험법에 관하여 정리하였다.

이 책이 용접에 대하여 생소하고 답답한 공학도 및 기술자들의 궁금증을 풀어주는데 조금이라도 도움이 될 수 있다면 다시없는 영광으로 생각하며, 품질향상, 원가절감, 생산성 향상, 그리고 향후 특수용접을 이용한 사업에 보탬이 되었으면 한다.

2007년 6월 **김일수 · 김중현**

목 차

목 차

목 차

1 용접 가공의 개요

1.1 개 요

용접 및 접합을 단순히 “재료를 접합하는 것”으로 정의한다면 용접·접합 공정은 “재료의 접합을 보다 경제적이고 신뢰성 있게 하는 공정” 이라고 할 수 있다. 이러한 의미의 용접·접합 공정은, 주조, 금형, 열처리, 표면처리 및 소성가공과 같이 재료를 가공하여 반제품을 생산하는 공정기술일 뿐만 아니라, 조립단계에서 다시 도입되어 최종 제품의 품질에 중요한 영향을 미치는 공정이다.

이와 같은 용접·접합 공정은 주요 산업분야인 중공업, 자동차공업, 전기, 전자공업 등 대부분의 제조업 분야에서 요소 기술로 적용되고 있으며, 산업의 고도화, 품질의 고급화와 함께 앞으로도 그 역할은 더욱 증대할 것이다.

용접·접합 공정은 기타 가공조립법에 비해서 재료의 절약, 형상의 일체성, 기밀성, 생산성 측면 등에서 우수하다는 이점을 가지고 있다. 그 반면, 품질과 관련된 기술적 제약, 열에 의한 재료의 변질과 변형 및 잔류응력의 발생, 적용 대상재료의 제한 등 결점이 있다. 따라서 용접·접합 공정은 이러한 제한을 완화시키고자 여러 종류의 새로운 방법과 기기가 개발 되었고 현재도 개발되고 있다.

역사적으로 금속의 접합가공은 약 3,000년 전에 이미 단접이 사용되었고, 납땜법도 옛날부터 이용되고 있는 방법의 하나로 알려져 있다. 그러나 공업적으로는 1890년경에 축전지에 의한 탄소 아크 용접법이 개발되면서 산업계에 용접 공정을 급속히 확산시키는 계기가 되었다. 그 후 다양한 아크 용접법, 접합법, 전자빔 용접법, 레이저빔 용접법 등이 개발되었으며, 전자공업의 발전에 따라서 반도체 집적회로등 전자부품에서 마이크로 접합법과 같은 새로운 기술이 개발되어 현재에 이르고 있다. 한편, 조선, 플랜트 등 중공업 분야에 있어서는 현재까지도 아크 용접기술이 가장 중요한 용접공정이다.

산업기술의 발전과 함께 사용되는 재료가 고성능화, 고기능화, 다양화되면서 비철금속, 무기재료, 고분자 재료 등으로 확대 되었고 최근에는 이들 재료를 적절히 조합시켜 복합화 함으로써 종래의 재료에서는 용이하게 얻을 수 없었던 고성능 구조재료 혹은 고기능성 재료로 발전하고 있다.

이와 같이 재료의 기능이 다양하게 전개되는 과정에서 기존의 용접·접합 공정만으로는 충분한 결과를 얻지 못하여 고상-고상 접합, 고상-액상 반응 접합, 기상-고상 접합 및 증착 기술이 여러 분야에서 적극적으로 사용되고 있다.

1.2 용접

용접(Welding) 이란 2개 이상의 금속을 가열, 가압 등의 수단으로 국부적으로 접합시키는 것이다. 용접부는 가열로 인한 열팽창과 냉각에 의한 수축과정을 거치면서 변형이 수반되고 아울러 냉각된 후에도 잔류응력이 발생된다.

1.2.1 용접법의 종류

용접은 가열방법, 처리방법 등에 따라 용접, 압접, 납땜으로 분류하며 표 6.1과 같다.

(1) 용접(fusion welding)
모재(접합재료)의 접합부를 용융 또는 반용융 상태로 가열하여 모재와 용가재가 용합되도록 한 용접이다. 용가재로 쓰이는 접합 재료로는 모재와 같은 재료 또는 유사한 재료를 사용한다. 용접부의 열팽창 및 수축과정에서 변형 및 잔류응력이 발생한다.

(2) 압접(pressure welding)
모재의 이음부를 냉간 또는 반용융상태로 가열하고, 기계적으로 압력을 가하여 접합하는 방법이다.

(3)납땜(soldering)
모재를 용융시키지 않고 용점이 낮은 금속을 첨가재로 사용하여 접합시키는 방법이다.

표 1.1 용접부의 분류

- 용 접
  - 융 접 (비가압용접)
    - 가스용접
      - 산소-아세틸렌가스 용접
      - 산소-수소가스 용접
      - 공기-아세틸렌가스 용접
    - 아크용접
      - 비소모전극식
        - TIG 아크용접
        - 플라즈마용접
      - 소모전극식
        - 피복아크용접
        - MIG아크용접
        - Co2아크용접
        - 무가스.무플럭스 아크용접
        - 서브머즈드 아크용접
    - 기타용접
      - 전자 빔 용접
      - 일렉트로슬래그 용접
      - 레이저 빔 용접
      - 테르밋 용접
  - 압 접 (가압용접)
    - 저항용접
      - 겹치기 저항용접
        - 스포트용접
        - 프로젝션용접
        - 심용접
      - 맞대기 저항용접
        - 버트용접
        - 플래시용접
    - 고상용접
      - 가스용접
      - 마찰용접
      - 초음파 용접
      - 냉간 용접
      - 폭발용접
      - 단접
  - 납 땜
    - 연납땜
    - 경납땜

1.2.2 용접부의 구성 및 용접부 결합

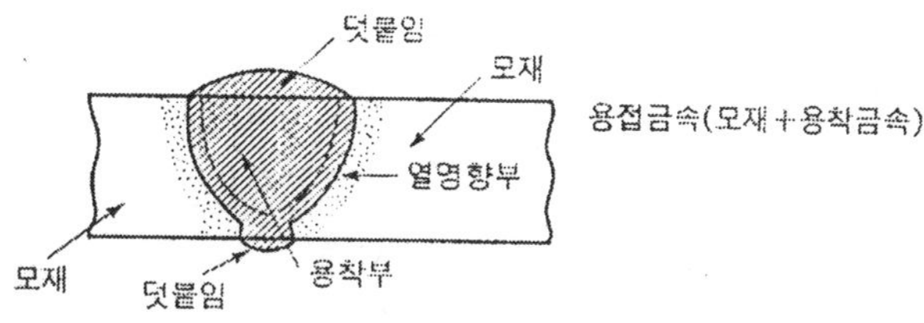

그림 1.1 용접부의 구성

그림 1.1은 두 모재가 용가재에 의해 접합된 것을 나타낸다. 용접부에는 순수 용가재로 이루어진 용착부와 열에 의하여 조직이 변화된 부분인 모재의 열여향부로 구성되어 있다. 용접부에서 치수 이상을 표면으로부터 높게 덧붙여진 용접금속을 덧붙임이라 한다.

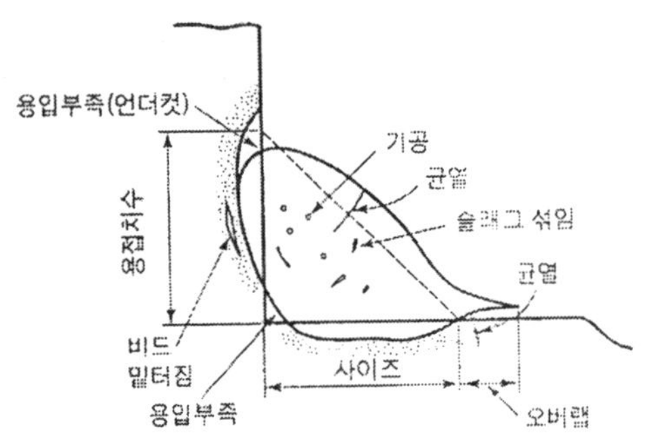

그림 1.2 용접부의 결함

그림 1.2에서 보는 바와 같이 용접불량의 원인으로는 용입부족(undercut), 불완전 용접살입힘(overlap), 기공(blow hole), 슬래그 섞임(slag inclusion) 등이 있다. 용입부족이란 변의 끝부분을 따라 모재가 파여진 부분에 용착금속이 채워져 있지 않고 홈으로 남아 있는 부분이다. 불완전 용접살 입힘이란 용착금속이 변의 끝에서 용합하지 않고 겹친부분이다. 용접전류가 약하거나 용접속도가 느릴 때 일어난다. 기공이란 용착금속 중 가스에 의하여 나타나 빈자리를 말하며, 슬래그 섞임은 용착금속 안에 또는 모재와의 용합부에 슬래그가 남는 것을 말하며, 슬래그 섞임은 용착금속 안에 또는 모재와의 용합부에 슬래그가 남는 것을 말한다. 용접이 불량하면 응력이 집중되어 용접강도가 저하되므로 피로파괴의 원인이 된다. 용접결함을 방지하고자 용접 후 망치로 두드리거나 면가공을 한다. 용접부의 결함을 검사하는 방법으로는 파괴검사와 비파괴검사가 있다.

1.2.3 용접이음의 분류

1.2.3.1 용접부의 모양에 따른 분류

(1) 그루브 용접(groove weld)

맞대기 용접을 하고자 할 때 모재의 두께가 얇은 경우 모재 사이의 홈(groove)이 필요없으나 모재의 두께가 두꺼운 경우에는 완전한 용가재를 주입하기 위하여 홈이 필요하다. 모재 끝의 절개모양에 따라 I형 홈, V형 홈, X홈, U형 홈, H형 홈 등으로 분류한다. I형 홈, J형 홈,V홈, U형,√형 홈 등의 한쪽면 홈이음을 하고, K형 홈, 양쪽면 J형 홈, X형 홈, H형 홈 등은 양쪽면 홈이음을 한다. 홈의 각도가 큰 경우에는 용착과 슬래그를 제거하기 편리하나 용접시간이 길어지고 용접 후의 변형이 커지므로 적절한 각도를 유지하는 것이 바람직하다.

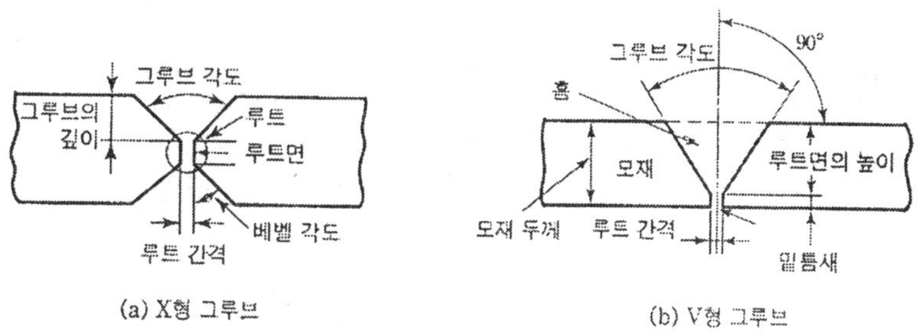

그림 1.3 홈의 각부 명칭과 홈의 형상

표 1.2 그루브의 종류

형식	그루브의 형상	각 부 치수	
I형	I형	t =0.8~6[mm]	a =1~3
V형	V형	t =3.2~19[mm]	Θ =60~90° b = 1.5~2.5 a = 2 ~4
X형	X형	t =3.2~19[mm]	Θ =60~90° b = 2 ~4 a =2.5 ~4
⌵형	V형	뒷면깍기 용접 t = 3.2~16[mm]	Φ = 45~55° b ≤ 2 a ≤ 2
K형	K형	뒷면깍기 용접 t =9~32[mm]	a ≤ 2 b ≤ 2 Θ =45~55°
J형	J형	뒷면 깍기 용접 t =12~36[mm]	Φ =25~55° a≤2 b = 2 ~4 ɣ = 4 ~6
양면 J형	양면 J형	뒷면 깍기 용접 t =25~50[mm]	Φ =20~30° a = 2 ~3 b = 1 ~3 ɣ = 4 ~5
U형	U형	t = 12 ~36[mm]	Θ = 15~22° a = 3 ~5 b = 3 ~6
H형	H형	t = 25 ~50[mm]	b = 3 ~5 a = 3 ~4 Θ = 15~18°

(2) 필릿 용접(fillet welding)

수직에 가까운 두 면을 접합하는 용접으로 용접부 단면은 삼각형 형태이다. 단면의 형태에 따라 오목 필릿 용접과 볼록 필릿 용접으로 분류한다. 용접선과 하중방향의 상대적 위치에 따른 분류로서 용접선과 하중 방향이 직각인 앞면(전면) 필릿 용접과 평행인 옆면(측면) 필릿 용접이 있다. 용접선의 단속에 따른 분류로서 용접선이 계속 이어진 연속 피립 용접, 용접선이 끊어진 단속 필릿 용접, 용접선의 양쪽이 엇갈리게 한 엇갈린 단속 필릿 용접이 있다.

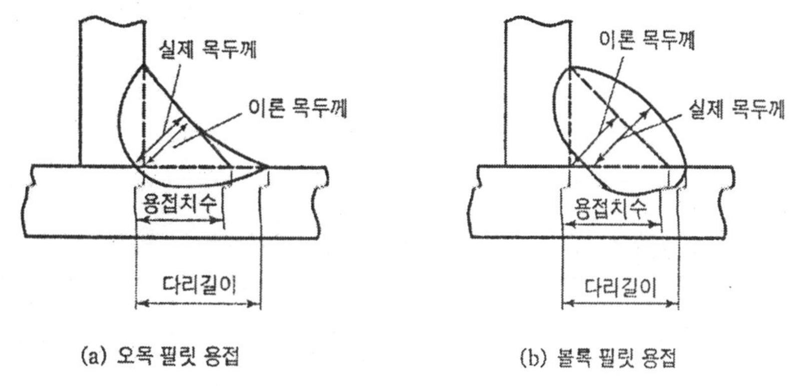

(a) 오목 필릿 용접 (b) 볼록 필릿 용접

그림 1.4 필릿 용접의 단면

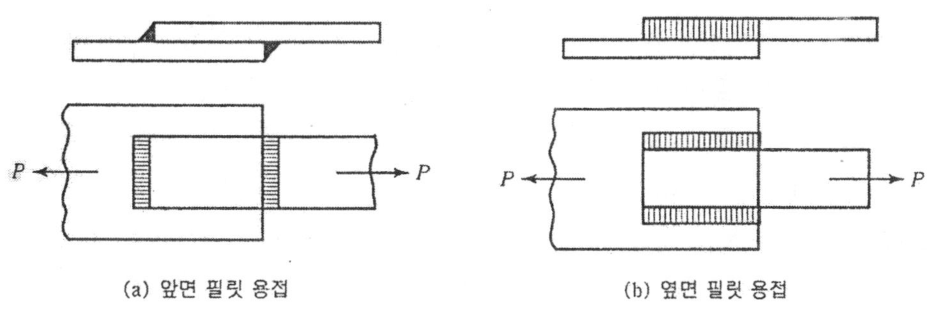

(a) 앞면 필릿 용접 (b) 옆면 필릿 용접

그림 1.5 필릿 용접에 작용하는 하중

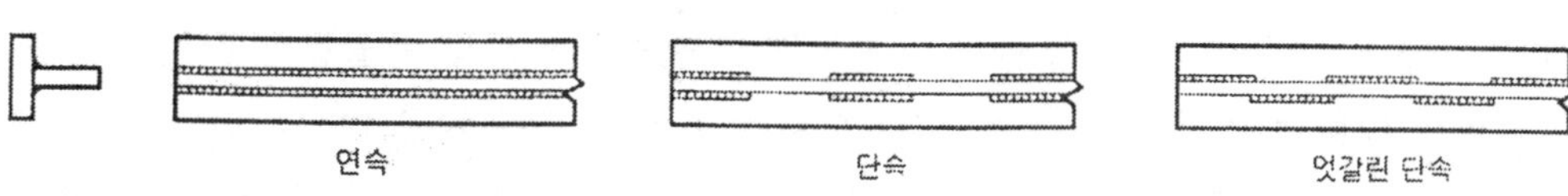

그림 1.6 필릿 용접의 단속

(3) 플러그 용접(plug weld)

접하고자 하는 모재의 한쪽 구멍을 뚫고 용접하여 다른 쪽 모재와 접합시키는 용접이다.

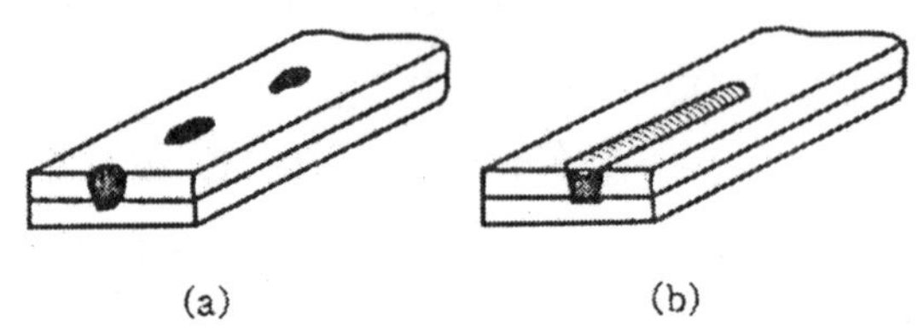

그림 1.7 플러그 용접

(4) 비드 용접(bead weld)
모재와 용가재가 용해되어 생긴 금속의 파형으로 규칙적인 것을 양호한 용착이라 한다.

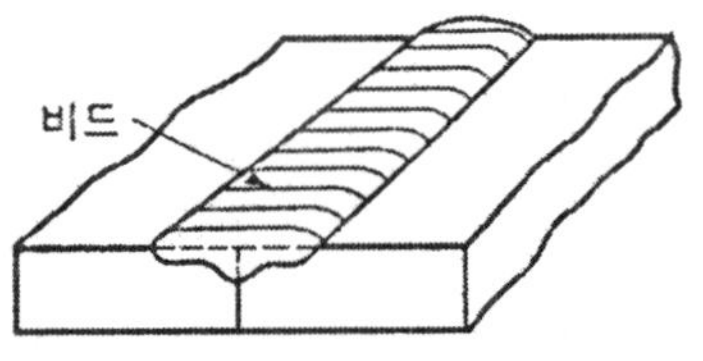

그림1.8 비드 용접

(5) 덧붙이 용접(build weld)
그림과 같이 치수가 부족한 부분이나 마모된 표면에 보충하는 용접을 말한다.

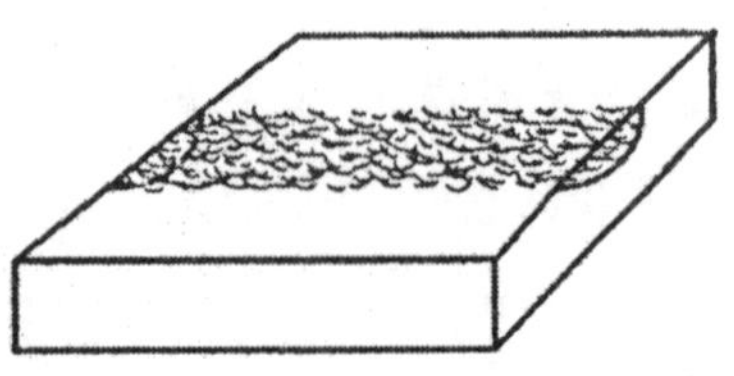

그림 1.9 덧붙이 용접

1.2.3.2 모재의 상대적 위치에 따른 분류

① 맞재기 용접 이음(butt weld joint)

②덮개판 이음(strapped joint)

(a) 한쪽 덮개판 맞대기 용접 이음

(b) 양쪽 덮개판 맞대기 용접 이음

③겹치기 용접 이음(lap weld joint)

④T 형 용접 이음(T joint)

⑤모서리 이음(corner weld joint)

⑥가장자리 이음(edge weld joint)

표 1.3 용접이음의 종류(모재의 상대적 위치에 따른 분류, JIS)

맞대기 이음	모재가 거의 같은 평면 내의 용접 이음  한쪽면 홈이음 양쪽면 홈이음
덮개판 이음	모재 표면과 판과의 끝면의 필릿 용접으로 한면 덮개판 이음 및 양면 덮개판 이음이 있다. 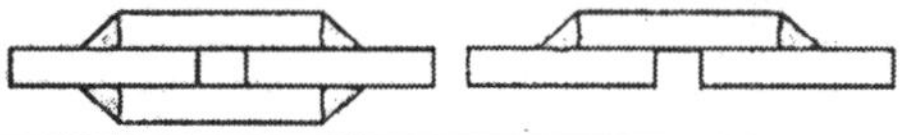
겹치기 이음	모재의 일부를 겹친 용접 이음, 이것에는 필릿, 스폿, 심, 땜납 등의 용접이 있다 
단붙임 겹치기 이음	겹치기 이음의 한쪽 부재에 단을 만들어 모재가 거의 동일 평면이 되도록 한 용접 이음 
T형 이음	한 판의 끝면을 다른 판의 표면에 놓고 T형을 이루며 거의 직각으로 한 용접 이음 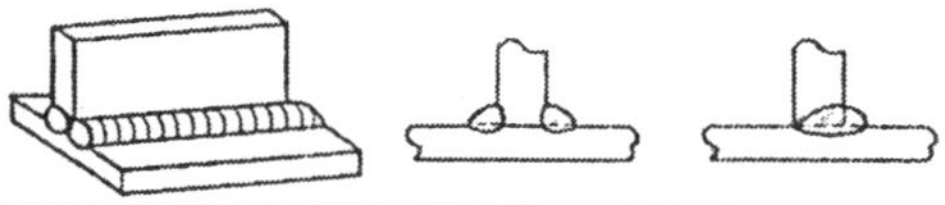
십자 이음	십자형으로 결합된 용접 이음 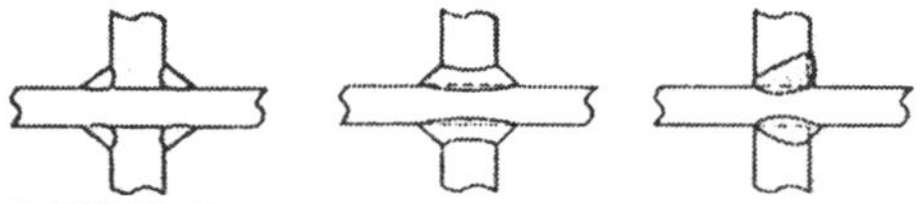
모서리 이음	두 모재를 거의 직각으로 L자형으로 놓고 용접 이음 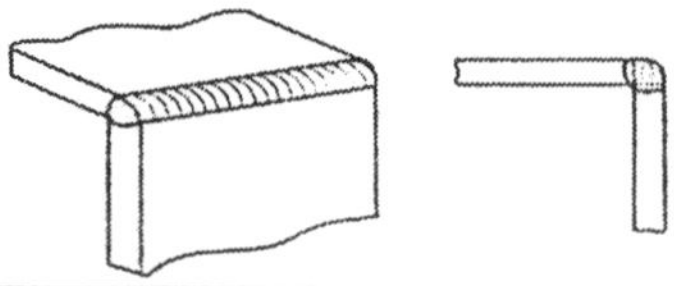
끝 이음	하나 이상의 모재가 거의 평행으로 겹쳐 있는 모재를 끝면간의 용접 이음 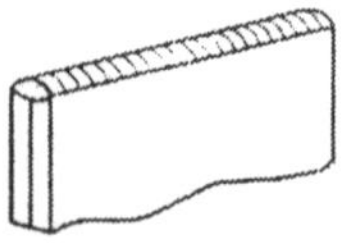
플레어 이음	원호와 원호, 또는 원호와 직선으로 만든 그루브 형상의 이음 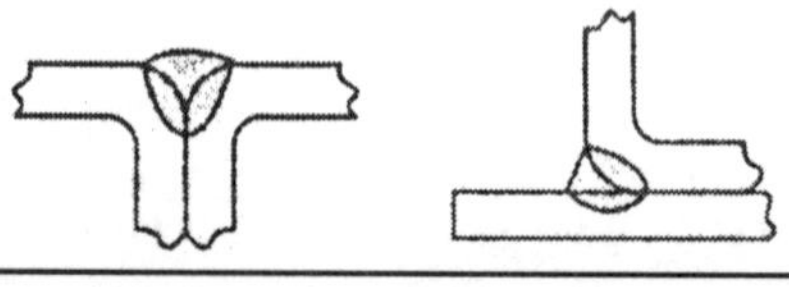

표 1.4 아크 및 가스용접에서 이음의 종류와 용접부 형상

이음종류 \ 용접종류	그루브 용접	필릿용접	플러그 용접	비드용접
맞대기 이음	◎	–	–	○
한쪽 덮개판 이음	–	○	○	–
양쪽 덮개판 이음	–	○	○	–
겹치기 이음	○	○	◎	–
T 이음	◎	◎	○	–
모서리 이음	◎	◎	○	–
가장자리 이음	○	–	○	○

1.2.4 용접에 의한 변형과 잔류 응력

용접시 용접부위가 가열로 인하여 열 팽창되었다가 냉각되면 용접 부위는 국부적으로 다른 크기의 수축변형이 일어나 국부적으로 잔류응력이 발생한다. 그루브각에 따라 윗면에 아래면의 수축량이 달라 변형이 되며, 용접길이방향으로 용접선에 따라 수축이 된다. 잔류응력과 수축에 영향을 미치는 인자로서 용접면의 영향, 판두께, 재료의 열팽창계수, 예열량 및 냉각 속도, 용접순서 등이 있다.

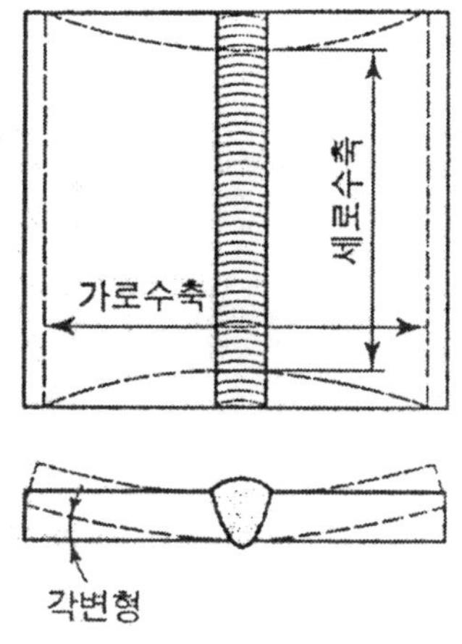

그림 1.10 맞대기 용접 이음의 변형

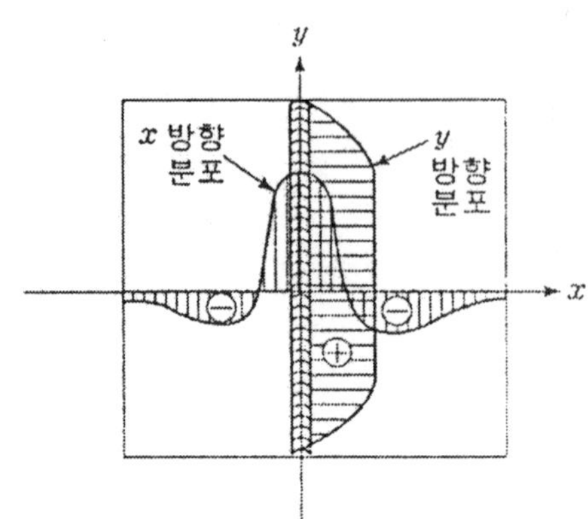

그림 1.11 맞대기 용접 이음의 잔류 응력

용접에 의한 변형과 잔류응력을 해소하기 위한 방안은 다음과 같다

①예하중: 냉각 후 수축이 예상되는 곳에 미리 인장력을 가한다.
②예열: 용접부 주위를 미리 고르게 가열한다. 용가재와의 온도 차이를 줄인다.
③맞대기면의 경사각을 줄이면 수축각이 작아진다.
④두꺼운 판의 경우 U형 또는 X형의 맞대기 이음을 한다.
⑤재가열: 용접 후 용접부의 열영향 부위를 재가열(약 600℃)한다.
⑥면가공: 용접이 불량한 경우 응력집중과 노치현상이 발생하므로 용접 후 용접면을 두드리거나 면가공을 한다.

일반적으로 널리 알려진 용접부의 설계 방법은 다음과 같다.

①응력집중을 피하기 위하여 여러 번 지저분하게 용접하지 않는다.
②용접부가 서로 엇갈리게 하여 한 곳만을 약하게 하지 않는다.
③내부압력이 작용하는 경우 압력의 작용방향을 고려한다.
④하중의 방향을 고려한다.

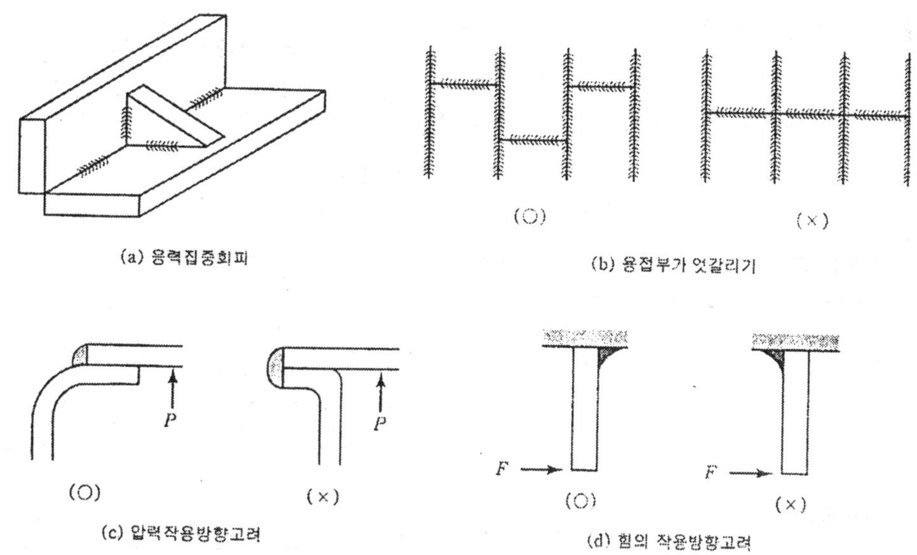

그림 1.12 용접부의 설계 방법의 예

1.2.5 용접효율

용접부에 용접된 상태가 균일하지 않으며 용접의 등급(품질)에 따라 그 강도가 다르다. 따라서, 용접부위의 파괴응력을 산정하기가 어렵다. 파괴될 부분이 모재와 용가재 사이가 파괴 될지 또는 용가재부분이 파괴될지 추측하기 곤란하다. 용접부위가 파괴 된다고 가정하고 용가재 부위의 강도를 모재의 강도에 대한 비율(용접효율)로 정하고 있다. 용접자세(welding position)란 용접작업자가 용접부를 대하는 자세를 말하며 아래보기, 수평보기, 수직보기,위 보기의 네 가지가 있다.

용접부의 이음 효율(또는 취약계수)은 모재의 허용응력을 기준으로 산정한다.

용접부의 이음 효율 = (용접부의 강도/ 모재의 강도)

이음효율을 결정하는 인자는 표 6.5에서와 같이 다양하나, 일반적으로 이음의 형상과 용접방법에 따라 결정한다. 이음 효율 η은 다음 식으로 나타낸다.

$\eta = k_1 \cdot k_2$

여기서 k_1 은 이음 형상계수

k_2 는 용접계수

이음의 형상계수 k_1은 이음의 형식(맞대기 이음, 필릿이음), 하중의 종류(인장, 압축,전단)등에 따라 변화 한다. 맞대기 용접에 대한 필릿 용접의 효율은 80[%]로 한다. k_1 용접계수 k_2 는 용접 품질에 따라 변화하며 다음과 같다.

공장 용접에 대한 현장 용접의 효율 : 90 [%]

아래보기 용접에 대한 윗보기 용접의 효율 : 80[%]
아래보기 용접에 대한 수평보기 용접의 효율 : 90[%]
아래보기 용접에 대한 수직보기 용접의 효율 : 95[%]

표 1.5 용접이음 효율을 결정하는 인자

분 류	인 자	적 요
용접등급의 규정	용접재료	모재, 용접봉,가스 용접
	용접방법	손용접, 자동 용접, 가스용접
		공장 용접, 현장 용접
	용접자세	아래보기, 위보기, 수직보기,수평보기
이음효율의 결정	열처리	예열,응력제거 풀림
	표면 다듬질 정도	덧살제거 방법
		치즐링(chiselling),연삭,절삭,연마
	표면처리	피닝,화학처리
	이음의 종류	맞대기 이음, 필릿 이음
		뒤면깍기 유무
설계시 결정	하중의 종류와 크기	정하중, 동하중, 충격하중
		용접시 예하중
	사용조건	사용온도, 압력, 부식환경
	용접부위의 형상	모재의 상대적위치, 그루브의 종류

표 1.6 정하중에 대한 형상계수 k_1 값

이음의 종류	하중의 종류	k_1
맞대기 용접	인장	0.75
	압축	0.85
	굽힘	0.80
	전단	0.65
필릿 용접	모든 경우	0.65

표 1.7 용접이음의 허용응력 및 안전율

하중		설계강도(kgf / mm^2)	안전 계수	허용응력(kgf / mm^2)
정하중	인장	28~34	3.3~4.0	7.0~10.0
	압축	30~35	3.0~4.0	7.5~12.0
	전단	21~28	3.3~4.0	5.0~8.5
달아올리기 동하중	인장, 압축	-	6.0~8.0	3.5~6.0
	또는 전단	-	6.0~8.0	2.5~4.5
진동하중	인장,압축	-	9.5~13.0	2.0~3.5
	또는 전단	-	9.5~13.0	1.5~3.0

표 1.8 용접자세

용접 자세	보 기
위보기 자세 (overhead position)	용접선이 거의 수평인 이음을 아래쪽에 용접하는 자세
수평자세 (horizontalposition)	용접선이 거의 수평인 이음을 앞쪽 또는 옆쪽에 용접하는 자세
수직 자세 (vertical position)	용접선이 거의 수직인 이음을 옆에서 용접하는 자세
아래보기 자세 (flat position)	용접선이 거의 수평인 이음을 위쪽에서 용접하는 자세

1.2.6 용접이음의 강도설계

용접부위의 응력을 계산할 때 일반적인 강도계산식을 사용하며, 목두께를 포함하는 단면에 대하여 계사난다. 목두께란 용접부위에 대한 응력을 계산하기 위한 길이로서 제일 얇은 단면 (가장 취약한 약한 단면)의 두께를 기준으로 산정한다. 목두께의 길이는 제외한 길이로 정한다.

1.2.6.1맞대기 용접

(1)두께가 같은 모재의 경우

목두께 a의 길이는 덧붙임을 제외한 길이로 정한다. 즉 목두께는 두께가 얇은 쪽 모재의 두께이다.

①인장하중 적용시

용접부가 받을 수 있는 인장 하중 P 은 $\sigma_t = \frac{P}{A}$ 로부터 얻으며 다음과 같다.

$P = \sigma_t(al)$

또는

$P = \sigma_t(tl)$

여기서 l 는 용접길이

a는 목두께로서 모재의 두께 t와 같다.

②굽힘하중 작용시

용접부의 굽힘응력은 $\sigma_b = \frac{M_b y_{max}}{I_{mas}}$ 로부터 얻으며 다음과 같다.

$$\sigma_b = \frac{M_b \cdot (a/2)}{\frac{lb^3}{12}} = \frac{6 \cdot M_b}{l \cdot a^2}$$

여기서 l 는 용접길이

a 는 목두께

M_b 는 굽힘 모멘트

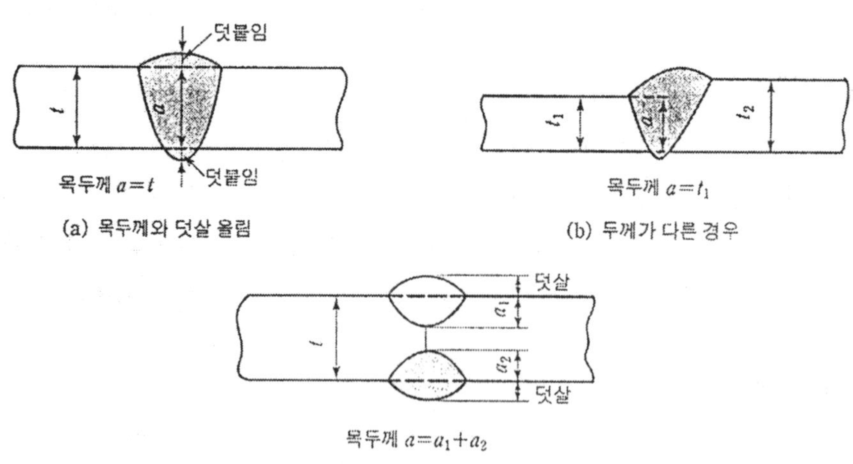

(a) 목두께와 덧살 올림

(b) 두께가 다른 경우

(c) 루트 간격이 없는 경우

그림 1.13 맞대기 용접이음의 목두께 산정

(2) 두께가 서로 다른 모재의 경우

목두께 a의 길이는 두께가 얇은 쪽의 모재에서 덧붙임을 제외한 길이로 정한다. 즉 두께가 얇은 쪽 모재의 두께이다. 용접부가 견딜 수 있는 인장 하중은 다음과 같다.

$$P = \sigma_t (al)$$

여기서 l 은 용접길이이고

a는 목두께로서 t_1 과 t_2 중 작은 것을 선택한다.

1.2.6.2 필릿 용접

(1) 목(throat) 두께의 산정

필릿 용접은 거의 직교하는 두 면을 결합시키는 용접으로 용접부는 덧살을 제외한 직각 이등변 삼각형에서 정한다. 필릿 용접의 목두께 a의 길이는 직각 이등변 삼각형에서 직각인 꼭지점으로부터 대변에 내린 수선의 길이(빗변에 이르는 최단거리)이다. 필릿 용접에서 용접부의 목두께 a는 다음과 같다.

$$a = f \cdot \cos 45°$$

여기서 f 는 용접치수(직각이등변 삼각형에서 등변의 길이)

(2) 옆면(측면)필릿 용접

① 하중이 축선 중앙을 따라 작용하는 경우

측면필릿 용접 이음에서 전단응력은 다음과 같다.

$$\tau = \frac{P}{A_s}$$

여기서 A_s 는 목 단면의 면적

P 는 용접의 저항력

윗 식을 용접부 저항력 P에 대하여 구체적으로 쓰면 다음과 같다.

$$P = \tau \cdot 2\left(\frac{f}{\sqrt{2}} l\right)$$

여기서 τ 는 전단응력

f 는 용접치수

l 는 용접부의 길이

② 하중이 축선에서 벗어나 편위된 경우

도심점으로부터 편위되어 작용하는 힘이 도심점에 대하여 모멘트 평형을 이루도록 용접길이의 비율로 조정한다.

외력 P 에 대하여 전단응력을 받는 용접부의 저항력을 P_1 , P_2 라 하자 다음과 같이 힘의 평형을 이룬다.

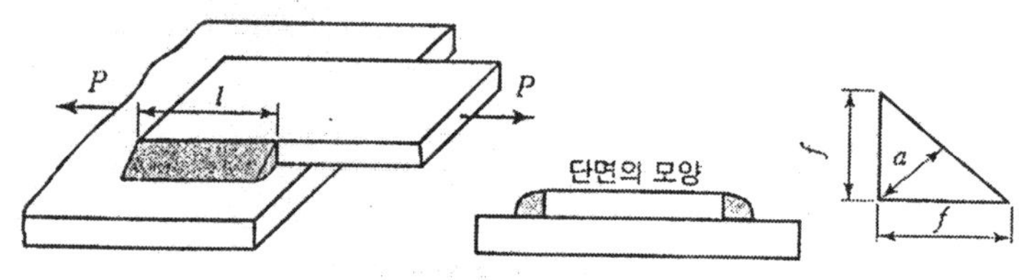

그림 1.15 측면필릿 용접이음

$$P = P_1 + P_2$$

양쪽 용접부가 같은 크기의 응력이 받고, 목단면의 크기가 같다면 용접봉에서의 저항력은 다음과 같다.

$$P_1 = \tau(a \cdot l_1) = \tau\left(\frac{f}{\sqrt{2}} l_1\right)$$

$$P_2 = \tau(a \cdot l_2) = \tau\left(\frac{f}{\sqrt{2}} l_2\right)$$

여기서 τ 는 전단응력

f 는 용접치수

$l_{1,} l_2$ 는 용접부의 길이

윗식을 정리하면 전단 응력은 다음과 같다.

$$\tau = \frac{P}{A}$$

여기서 A는 총 목두께 부분의 단면적

또는

$$\tau = \frac{\sqrt{2}P}{f(l_1 + l_2)}$$

도심점에 대한 모멘트 평형은 다음과 같다.

$$x_1 P_1 = x_2 P_2$$

여기서 P_1, P_2 는 용접부의 저항력

x_1, x_2 는 편심길이(중심으로부터 용접부까지 거리)

윗식을 전단응력에 대하여 쓰고 정리하면 다음과 같다.

$$x_1 \cdot \tau \cdot (al_1) = x_2 \cdot \tau \cdot (al_2)$$

$$x_1 \cdot l_1 = x_2 \cdot l_2$$

여기서 $l_1 + l_2 = l$ (l 은 총 용접부 길이)이므로 다음의 관계식이 성립한다. 용접길이는 편심길이에 반비례한다.

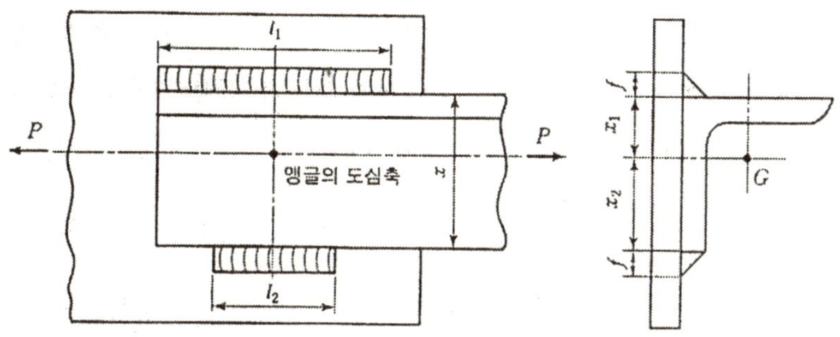

그림 1.16 부재중심위치로부터 편위된 인장하중을 받는 부재의 측면필릿 용접이음

$$l_1 = x_2 \frac{l}{x}$$

$$l_2 = x_1 \frac{l}{x}$$

(3) 앞면(전면)필릿용접

하중이 용접선에 대하여 직각으로 작용하는 경우로서 용접부가 인장응력을 받는다. 인장력을 산정하기 위한 식은 다음과 같다.

$$P = \sigma_t A$$

여기서 P 는 인장응력

A는 목단면의 면적

① 한면이음에 인장응력이 작용하는 경우

$$P = \sigma_t \left(\frac{f}{\sqrt{2)}} l \right)$$

②판의 두께가 같은 모재의 겹치기 양쪽 이음에 인장응력이 작용하는 경우

$$P = P_1 + P_2 = \sigma\left(\frac{f_1}{\sqrt{2}} l\right) + \sigma_t\left(\frac{f_2}{\sqrt{2}} l\right)$$

③판의 두께가 같은 모재의 겹치기 양쪽 이음에 인장응력이 작용하는 경우

$$P = \sigma_t \cdot 2\left(\frac{f}{\sqrt{2}} l\right)$$

여기서 f 는 용접치수

l 는 용접부의 길이

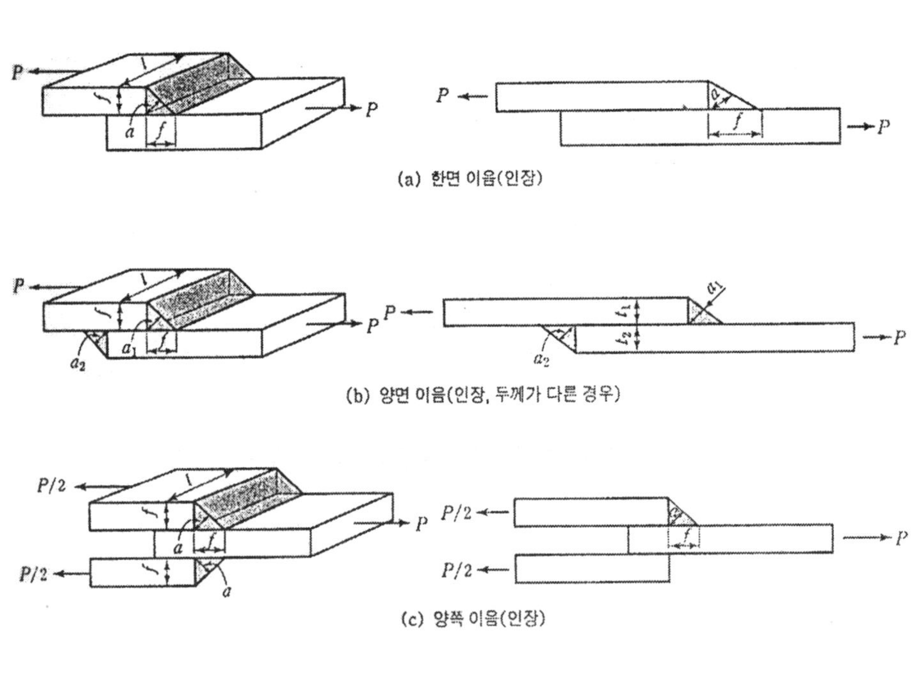

그림 1.17 앞면필릿 용접 이음

(4) 굽힘응력이 작용하는 경우

굽힘응력을 산정하기 위한 일반식은 다음과 같다.

$$\sigma = M_b \frac{y_{max}}{I_{yy}}$$

양쪽 이음한 목단면에 대한 굽힘응력은 다음과 같다.

$$\sigma_b = \frac{M_b \cdot (t/2 + a)}{\frac{l(t+2a)^3}{12} - \frac{lt^3}{12}}$$

여기서 a 는 목두께로서 $a = f/\sqrt{2}$
t 는 판의 두께 l 은 용접부의 길이

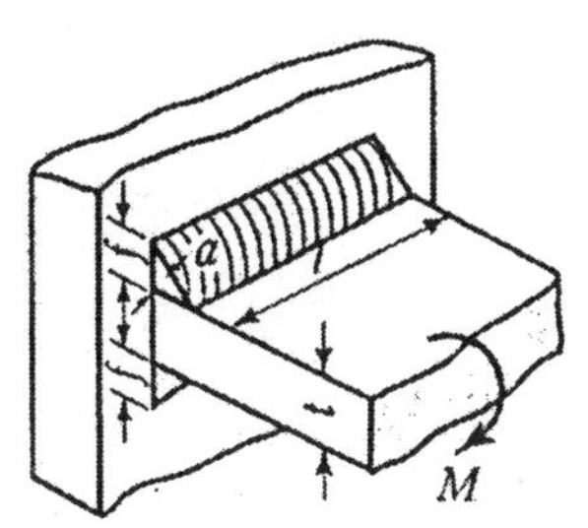

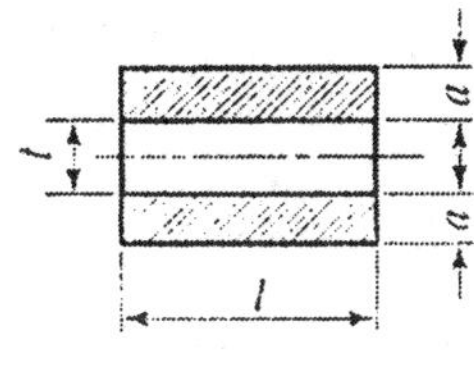

그림 6.18 앞면필릿 용접이음(굽힘응력을 받는 양쪽 이음)

1.3 각 용접법의 특징 및 종류

용접법은 열원에 따라서 표 1.9와 같이 분류할 수 있다. 이중에서 일반적으로 널리 쓰이는 것은 Oxy-acetylene Gas Welding법과 Gas Tungsten Arc Welding 등이 있다. Electro-slag Welding의 경우에는 아크 용접법이 아니지만 처음의 시작단계에서 아크를 사용하므로 아크용접법 또는 세미-아크용접법으로 분류하기도 한다.

표 1.9 열원에 따른 대표적인 용접법

열 원	용 접 법	약 칭
Gas	Oxy-acetylene Gas Welding	OAW
Arc	Shielded Metal Arc Welding	SMAW
	Gas Tungsten Arc Welding	GTAW
	Plasma Arc Welding	PAW
	Gas Metal Arc Welding	GMAW
	Submerged Arc Welding	SAW
Arc (Semi-Arc)	Electro-slag Welding	ESW
High Energy	Electron Beam Welding	
	Laser Beam Welding	

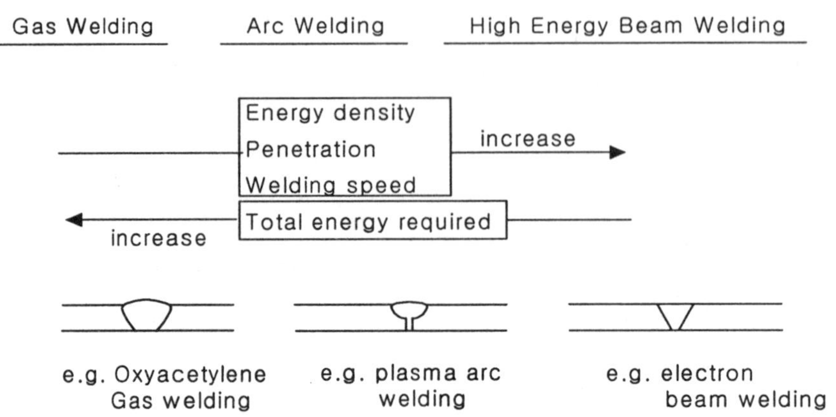

그림 1.19 가스, 아크 및 고에너지 빔용접법의 비교

그림 1.19에는 가스용접(Gas Welding), 아크용접(Arc Welding) 및 전자빔 용접법(Electron Beam Welding)법을 도시하였다. 그림에서 보는 바와 같이 다른 방법에 비하여 일렉트론빔 용접의 폭이 제일 좁으며 에너지의 효율이나 속도가 좋다.

1.3.1 아크 용접

전기회로에 2개의 금속 또는 탄소단자를 서로 접촉시키고 이것을 당겨 간격이 생기게 하면 아크가 발생하면서 고열이 생긴다. 이 열을 이용한 용접이 아크 용접 법이다. 이 때 고열로 인하여 단자의 일부가 기화되고 전기 통로가 되어 전류는 계속 흐르게 된다. 이 때 발생하는 열로써 금속을 용융시킬 수 있으며, 그림 1.20은 시일드 메탈 아크용접법의 개략도를 나타낸다. 용융점은 탄소 아크에서 4000℃ 금속 아크에서는 3000℃에 달한다.

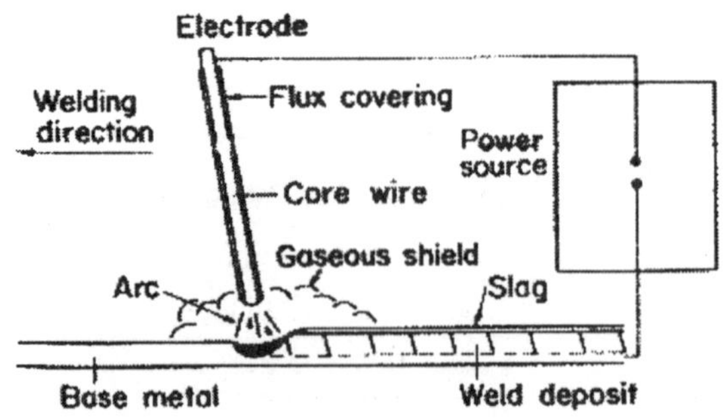

그림 1.20 시일드 메탈 아크용접법의 개략도

모재와 금속전극과의 사이에 아크를 발생시켜 그 용접 열로서 전극과 모재를 용융하며 용접 금속을 형성하는 것을 금속 아크 용접의 방법, 이 방식의 용접을 용극식 용접법이라고 한다. 피복 아크 용접법, 서브머어지드 아크 용접법, 불활성 가스 금속 아크 용접법, 탄산가스 시일드 아크 용접법 등이 이에 속한다.

탄소 아크에 의하여 용접 열을 공급하고 용착 금속은 별도로 용가재를 사용하여 이것을 녹여 공급하는 것을 탄소 아크 용접 방법이라 하고 이 방식의 용접을 비용극식 용접법이라고 하며 오늘날의 불활성 가스 텅스텐 아크 용접법은 이 방법이 발전된 것이다. 아크 용접법의 초기에는 직류 전원을 사용하였다. 그러나 피복용접봉의 발명으로 그 후 교류 전원에 의한 용접법도가능 가능하게 되었다. 교류아아크 용접기는 효율이 좋고 가격도 싸며 보수와 취급등이 쉬우므로 널리 사용되고 있다.

금속 용접봉에는 심봉의 주위에 특수 용재의 피복을 한 피복 용접봉이 사용되고 용접할 때 피목제가 고온에서 가스를 발생시키든가 또는 슬랙이 되어 공기중의 산소와의 화학 작용을 방지하여 용융 금속을 용접이 되도록 한다. 보통 공기 저항을 깨트리고 아크를 발생할 수 있는 개로 전압은 직류에서는 50-80V 교류에서는 70-135V 이다. 아크 발생 후에는 전압이 감소되므로 아크를 계속하는데 필요한 아크 전압은 20-30V 이다. 그러나 피복 용접봉을 사용하면 다소 차가 있으며 발생된 아크는 안정한 상태를 유지하도록 작업 조건을 조절해야 한다. 직류를 사용한 아크는 전체 발열량의 60-75% 가 양극 측에 발생한다. 교류를 사용하면 교번 전류로 인하여 양극의 발열량이 동일하게 된다.

1.3.1.1 아크 용접기

크게 직류와 교류 용접기로 나눈다. 직류 용접기는 동력선의 전력을 을 사용하여 전동기를 회전하고 이것에 직결된 직류 발전기를 직결하여 운전함으로써 용접 직류 전원을 얻는다. 교류 용접기는 일종의 변압기로서 2차 측 코일에서 용접 전류를 얻는다. 아크 전압은 개로 전압에 비하여 낮으므로 작업할 때에 손실이 많아 불리하다. 용접기는 아크의 발생이 쉽고 작업할 때에 능률이 좋도록 설계되어 있다. 그림 1.21은 대표적인 형태로서 가스-텅스텐 아크용접법을 나타내었다. 그림 1.22에는 3가지 다른 전류 형태에서의 아크용접법의 개략도를 나타내었다.

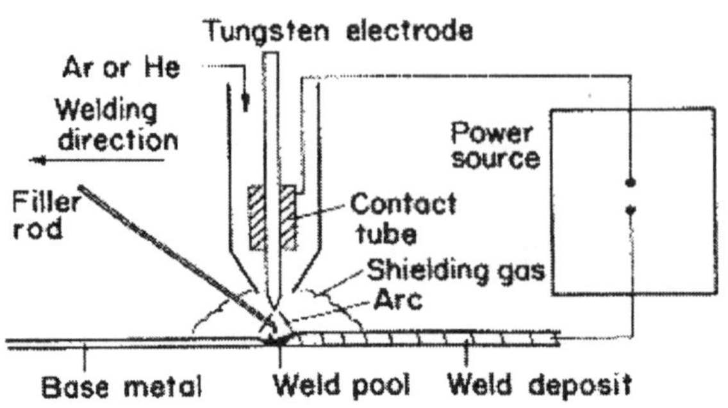

그림 1.21 가스-텅스텐 아크 용접법의 개략도

1) 직류 아크 용접기

① 정전압형 직류 용접기 : 부하가 변동하여도 전압이 일정하게 되어 있다 발전기의 용량이 충분하면 많은 용접을 동시에 할 수 있다. 한대의 발전기로서 여러 개의 회로를 끄집어내어 각기 용접공은 직렬저항과 리액턴스를 연결하여 아크 전류를 통하게 한다.

Current type	DC	DC	AC(balanced)
Electrode polarity	Negative	Positive	
Electron and ion flow Penetration characteristics	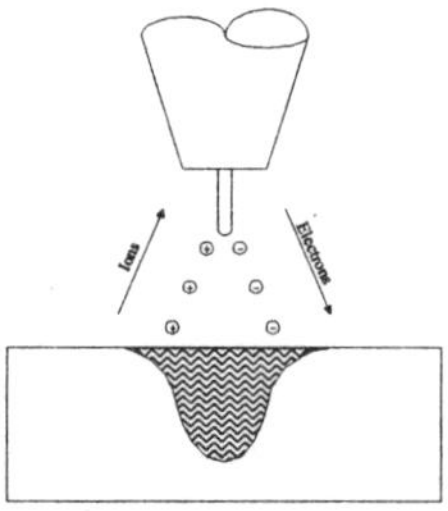	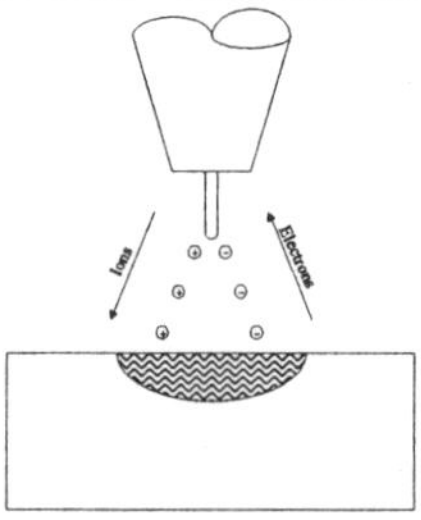	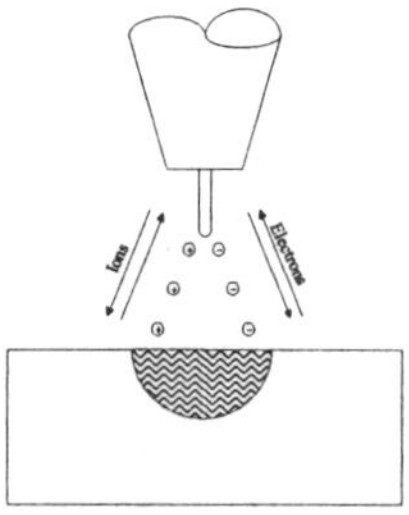
Oxide cleaning action	No	Yes	Yes-once every half cycle
Heat balance in the arc(approx)	70% at work end 30% at electrode end	30% at work end 70% at electrode end	50% at work end 50% at electrode end
Penetration	Deep narrow	Shallow wide	Medium
Electrode capacity	Excellent e.q. 3.18mm [1/8]−400A	poor e.q. 6.35mm [1/4]−120A	Good e.q. 3.18mm [1/8]−225A

그림 1.22 세 가지 전류형태에서의 가스-텅스텐 아크용접법

② 정전류형 직류 용접기 : 전류가 항상 일정하다. 아크 전압이 자주 변하여도 아크 전류는 일정하여 아크가 안정되어 있다. 이 방식에는 단식 직류 발전기 즉 한대의 발전기에서 한사람의 용접공이 용접 전류를 공급받을 때 편리하며 기계 설비가 적고 아크 발생이 쉬운 장점이 있다.

2) 정전력형 직류 용접기

전류가 증가하였을 때 자동적으로 전압이 강하 되도록 설계된 것이므로 대략 일정한 전력을 갖게 된다. 단식과 복식의 용접기가 있다.

3) 교류 아크 용접기

보통 교류 아크 용접기는 일종의 변압기이나 2차 전류를 통과시킬 때 즉 용접할 때 계단적으로 2차 전압이 떨어지는 특성을 갖도록 설계되어 있다. 그러므로 일반 교류 아크 용접기는 아크를 안정시키기 위하여 회로에 리액턴스 코일을 넣어 리액턴스를 크게 함으로써 아크 부분의 저항 변화로 생기는 2차 전류의 변화를 적게 하고 있다. 리액턴스를 크게 하고 개로 전압을 높게 함으로써 용접기의 효율이 25-40% 정도로 된다. 교류 용접기는 직류 용접기에 비하여 안정성이 떨어지나 가격은 1/3~1/4 정도 이므로 직류 용접기보다 널리 사용되고 있다.

4) 고주파 아크 용접기

교류 아크 용접기에 사용되는 변압기 중에는 고주파 발생장치를 장비하고 있는 것이 있어서 용접 전류를 5-200,000 사이클의 고주파 전류로 변화시킨다. 그 회로는 용접할 때 전류를 안정하게 하고 10-50A의 적은 범위의 아크 전류에서도 쉽게 작업할 수 있다. 보통 용접기로서는 용접이 곤란한 비교적 엷은 판재의 용접도 가능하고 또한 Cu, Al 등도 효과적으로 용접할 수 있다.

1.3.2 전기 저항 용접

용접할 물체에 전류를 통하여 접촉부에 발생되는 전기 저항열로서 모재를 용융 상태로 만들고 외력을 가하여 접합하는 용접이 전기 저항 용접법이다. 이 때에 발생하는 저항열은 줄의 법칙에 따르며 다음 식으로 표시된다.

$$Q = 0.24I \times IRt$$

(여기서, Q : 열(cal), I: 전류(A), R : 전기저항(Ω), t : 시간(sec))

저항이 큰 재료에 저전압인 전원에서 많은 전류를 통과시켜 이 때 발생하는 저항열을 이용한다. 전기 저항용접의 종류에는 다음과 같은 4종류가 있다

① 맞대기 용접은 모재의 단면을 맞대어 놓고 맞댐 접합하는 방식이다.

② 스폿 용접은 2장 또는 3장 이상의 금속판을 겹쳐 놓고 리벳 접합하듯이 점상으로 용접하는 방식이다.

③ 시임 용접은 연속적으로 스폿 용접을 하는 방식이다.

④ 프로젝션 용접은 돌기의 접촉부를 용접하는 방식이다

전기 저항 용접은 아크 용접에 비하여 많은 전류를 단시간에 흐르게 하는 것이 필요하다. 또한 정밀한 제어장치가 요구되며 용접 온도는 아크 온도보다 저온이고 작업속도가 빠르고 용접 부분의 안정성이 크다. 전기 저항 용접의 열원은 저항 발열과 방산열의 차이로써 얻어지므로 열전도율이 좋은 모재는 열이 전달되기 쉽고 또한 접촉부가 냉각되어 많은 전류를 짧은 시간내에 흐르게 하여야 한다. 일반적으로 고유 전기 저항이 크고 열전도율이 작으며 용융점은 낮고 또한 소성 구역 온도 범위가 넓은 금속일수록 저항 용접이 쉽다. 조작은 거의 기계적이고 다른 용접법처럼 사람의 기능의 우열에 영향이 적고 또한 용접에 필요한 시간도 적으므로 대량 생산에 적당하다. 현재 전기 저항 용접법은 금속 아크 용접법에 이어 광범위하게 쓰여지며 자동차 비행기 공업은 물론 제관 공업 기타 방면에도 이용되고 있다.

1.3.3 맞대기 용접법

금속선 , 봉 , 판 등의 끝면을 맞대어 용접하는 것을 맞대기 용접이라 한다.

1.3.3.1 업셋 버트 용접

단순히 맞대기 용접이라고도 한다. 전류를 통하기 전에 용접재를 압력으로써 서로 접촉시키고 이것에 대전류를 흐르게 하여 접촉 부분이 전기 저항열로써 가열되어 용접 온도에 달하였을 때 다시 가압하여 융합시키는 방법이다. 이때 용접 부분은 고온으로 되고 열소성 상태로 되어 있으므로 가압하면 접촉부는 블록형으로 부풀어 모재의 길이가 다소 짧게 된다. 피용접재를 세게 맞대고 여기에 대전류를 통하여 이음부 부근에서 발생하는 저항 발열에 의해 가열시켜 적당한 온도에 도달하였을 때 축 방향을 센 압력을 주어 용접

하는 방법이다. 압력은 수동식으로 가하는데 이때는 스프링 가압식이 많이 쓰이고 있다. 대형 기계에서는 공기압 , 유압 , 수압 등이 사용되고 있다. 전극은 전기 전도도가 좋은 순구리 또는 구리 합금의 주물로서 만들어지고 있다. 변압기는 보통 1차 권선수를 변화시켜 2차 전류를 조정한다. 이것은 2차 권선수가 대부분 단권이기 때문이다. 이 밖에 전류 조정기 , 전원 개폐기 , 자동 전류 차단기가 있다. 맞대기 용접법에서는 가스 압접법과 같이 이음부에 개재하는 산화물 등이 용접 후에도 남아 있기 쉽고 용접하기 전의 이음면의 끝맺음 가공이 특히 중요하다. 맞대기 용접법은 플래시 버트 용접법에 비하여 가열 속도가 늦고 용접 시간이 길다.

1.3.3.2 플래시 버트 용접법

용접할 재료를 서로 접촉시키기 전에 적당한 거리에 놓고 서로 서서히 접근 시키면서 대전류를 통전시킨다. 용접 재료가 서로 접촉하면 돌출된 부분에서 전기 회로가 생겨 이 부분에 전류가 집중되어 스파크가 발생되어 접촉부가 백열 상태로 된다. 용접물이 더욱 접근됨에 따라 다른 접촉부가 같은 방식으로 스파크가 생겨 모재가 가열됨으로써 용융 상태가 된다. 작당한 고온에 달하였을 때 강한 압력을 가하여 압접한다. 특징으로 ① 가열범위가 좁고 열 영향부가 작다. ② 용접면에 산화물이 생기지 않는다. ③ 신뢰도가 좋고 이음 강도가 크다. ④ 동일한 전기 용량에 큰 물건의 용접이 가능하다. ⑤ 용접 시간이 짧고 소비 전력이 적다. ⑥ 종류가 다른 재료의 용접이 가능하다.

● 맞대기용접 조건과 용도

업셋 용접법은 강철선 구리서 알루미늄선 등의 인발 작업에서 선재의 접합에 사용되는 일이 많고 또한 연강의 각종 단면 , 둥근 봉재 , 단면재 , 파이프 등의 접합에 사용한다. 플래시 보트 용접은 레일 , 보일러 , 파이프 , 드릴 몸체의 용접 , 건축재료 , 자전거의 림 , 파이프 각종 봉재 등 중요한 부분의 용접에 사용된다.

1.3.4 스폿 용접

점 용접이라고도 하며 주로 판재의 용접에 사용된다. 리벳 이음은 판재에 구멍을 뚫고 리벳으로 접합시키나 스폿 용접은 구멍을 뚫지 않고 접합할 수 있는 장점이 있다. 이 방법은 전극 사이에 용접물을 넣고 가압하면서 전류를 통하여 그 접촉 부분의 저항열로 가압부분을 융합시킨다. 이 융합 부분을 너겟 이라고 한다. 스폿 용접을 잘 하려면 가압력, 통전시간, 전류밀도 등을 잘 조절하는 것이 필요하다

● 스폿 용접기의 구조와 이용

고정식과 이동식이 있는데 고정식은 프레스형 스폿 용접기, 로코형 스폿 용접기의 2종류가 있다.

1) 프레스형 스폿 용접기 : 가압용 실린더가 위에 있어 전극을 가압하는 기능을 갖고 있으며 보통 압축 공기를 사용한다. 몸체로부터 상하 2개의 아암이 있고 그 선단에 전극 고정장치가 있다. 상하 2개의 아암의 길이와 이동거리는 가공할 수 있는 용접물의 크기와 관계가 있다. 보통 이것으로 용접의 능력을 표시한다.

2) 로커형 스폿 용접기 : 상부 아암의 레버 장치로서 가압 작용을 하게 되어 있다. 가동구가 비교적 중량이 가볍고 상부 전극이 쉽게 이동할 수 있게 되어 있다.

3)고정식 스폿 용접기 : 용접할 물건을 이동하게 되므로 너무 큰 형상을 하였던가 또는 중량이 너무 무거운 것은 스폿 용접을 하지 않는다.

4)이동식 스폿 용접기 : 용접 변압기와 가압부로 나누어져 있고 케이블로 연결되어 있다. 보통 2.0nm 이하의 엷은 판재 용접에 사용되고 용접 전류는 10000-15000A 전압은 2-10V 정도이다.

용접할 판재는 표면을 깨끗이 하고 산화 피막 및 유지류를 제거하며 강철판은 묽은 황산으로 씻고 샌드 블래스팅으로 흑피를 제거한다. 경합금은 산 알칼리 등으로서 화학적으로 깨끗하게 하든가 또는 기계적으로 산화막을 제거한 후 부착되어 있는 유지류는 잘 제거하고 작업한다. 강철에서는 두께의 차가 8배 이하 경합금에는 5배 이하로 한다. 스폿 용접부 표면을 깨끗이 하는 방법으로 산세 , 샌드 블래스팅, 쇠솔로 떨기 , 아브레시이브 페이퍼 , 사염화탄소에 의한 그리스 제거 등을 채택한다. 스폿 용접의 통전 시간과 소요 전력 : 스폿 용접을 하기 위하여서는 가압력 통전시간 전류의 크기에 주의하여야 한다. 가압력이 크면 접촉 저항이 감소하여 용접 경과가 좋지 않고 작으면 전류를 통과시킬 때 스파크가나타나서 용접 경과도 좋지 않으며 전극과 용접 표면을 침해한다. 용접 표면은 깨끗이 하고 평탄하여야 되며 용제는 사용하지 않는다. 용접 재료가 구리 , 황동 , 알루미늄 일때에는 소요 전력은 이 그림의 값의 약 5배나 필요하다. 용접 시간은 맞대기 용접에 비하여 가열 면적이 좁으므로 대단히 짧다 용접 온도에 도달하여 가압할 때 압력이 세면 용접부가 오목하게 들어가서 약해지며 압력이 약하면 완전한 용접이 안 된다

1.3.5 시임 용접법

시임 용접은 스폿 용접을 연속적으로 하는 것이라 생각할 수 있다. 스폿 용접의 전극 대신 회전 롤러 형상을 한 전극을 사용하여 용접 전류를 공급하면서 전극을 회전시켜 용접하는 방법이다. 주로 공기의 밀폐성을 필요로 하는 용기, 긴 파이프 등 연속적인 작업에 쓰인다. 시임 용접용 롤러가 회전할 때 공급 전류의 일부는 먼저 용접된 부분에 흐르고 일부는 롤러 전극 사이에 흐르므로 공급 전류가 큰 것이 필요하다. 그러나 연속적으로 많은 전류가 통하면 용접 판재에 너무 많은 열이 생겨 용접부 전체가 용융되므로 통전을 단속적으로하여 냉각시간을 주는 방식이 사용되고 있다. 때로는 얇은 판재에 연속적인 전류를 통하여도 좋은 결과를 줄 때가 있다.

1) 시임 용접 조건

용접 전류는 스폿 용접 전류의 1.5-2.0배 가압력은 1.2-1.6배로하고 1mm의 연강판에는 전류 15000A와 가압력 400kg 통전시간 및 정지 시간은 각각 1/20 초 정도이다. 전극은 동제 원판상으로서 보통 250mm 전후의 것이 사용되며 그 밖에 둥근 것 평평한 것 등도 있다. 연속하여 많은 전류를 공급하면 용접판에 주는 열량이 많아져서 용접부 전체가 용융상태에 이르러 용접부 표면이 롤러에 의하여 홈 모양으로 떨어져 나가기 쉽다. 이 결함을 방지하기 위하여 용접할 때 전류를 차단하여 전극을 가압한 대로 정지시키고 용접부가 냉각한 후에 전류를 차단한 채고 롤러 전극을 다음 용접 위치까지 전진시키고 그 위치에서 앞에서 설명한 공정을 되풀이하는 용접법을 단속 용접법이라고 한다. 통전시간과 단속시간의 비율은 철강의 경우에 1:1 경합금의 경우에는 1:3 정도로 한다.

2) 시임 용접 작업

전극의 도전율은 구리의 75% 이상으로 되어야 한다. 전극부에는 발열이 많아 내부를 물로 냉각하든가 또는 외부에서 물로 냉각한다. 시임 용접은 단열의 시임 용접이외도 여러가지 형식이 있다. 또한 판재의 양단부에 전극을 접촉시키면서 전류를 통하여 맞대기 용접과 시임 용접을 동시에 하는 맞대기 시임 용점도 있다. 이 방법은 성형 롤러로 순차적으로 띠판을 원형으로 하고 그 끝을 맞추고 이 부분에 양측에서 원판형 전극으로 전류를 통하며 동시에 측면에서 압력을 주어 용접 파이프를 만든다. 저탄소강 및 스테인레스강으로 지름 10-127mm , 두께 0.8-6mm 인 판을 용접한다. 전극부는 발열이 심하므로 내부에 물을 통과시켜 냉각하며 외부에서 물을 부어 냉각할 때도 있다

1.3.6 프로젝션 용접법

용접하려고 하는 금속판의 한쪽 또는 양쪽에 돌기 부분을 만들어 놓고 압력을 가하면서 전류를 통하면 전류 및 압력이 집중하게 되므로 집중열이 발생하여 용접되게 한 것을 프로젝션 용접이라고 한다. 전극은 평평한 것을 사용하며 스폿 용접과 같은 방법으로 전류를 통하고 용접한다. 그러므로 이것은 스폿 용접의 일종이라고 볼 수 있다. 프로젝션 용접을 하면 돌기부가 가열되어 그 형상이 변화하면서 용접 면적이 증가되므로 과열되는 일이 적다. 열용량이 너무 심하게 변하는 엷은 판과 두꺼운 판을 용접할 때에는 두꺼운 판재를 프로젝션 가공하여 엷은 판과 같이 용접할 수 있다. 프로젝션 가공의 높이는 대체로 판재의 약 1/3 정도로 한다.

1.3.7 특수용접

보통 아크 용접법은 용접봉을 사용한 손 작업으로 하여 용접 구조물의 형상 치수 등에 따라 시공 조건이 다르므로 편리하다. 그리고 조선, 차량 등의 일정한 조건의 용접물을 장시간 연속적으로 작업할 때에는 용접을 기계화 하고 또한 자동화하는 것이 유리하다. 이렇게 함으로써 경제적으로 유리한 작업을 할 수 있다

1.3.7.1 서브머어지드 아크 용접

일종의 자동 아크 용접법이다. 용접 이음의 표면에 입상의 용제를 공급관을 통하여 공급시켜놓고 그 속에 연속된 와이어로 된 전기 용접봉을 넣어 용접봉 끝과 모재 사이에 아크를 발생시켜 용접한다. 이 때 선재의 이송 속도를 조정함으로써 일정한 아크 길이를 유지하면서 연속적으로 용접을 한다. 이 장치는 아크 전압의 변화에 따라 전극 선재를 내보내는 부분과 이음에 좇아서 용접 헤드부분을 진행시키는 기구로 되어 있다. 여기서 아크나 발생 가스가 다 같이 용제 속에서 생기고 밖에서는 보이지 않는다. 이 방법은 용제에 의하여 용접부를 완전히 외부 공기층과 차단하고 용융된 용제로 강력한 정련 작용을 하도록 하고 슬랙으로 용착 금속의 표면을 덮어 용접부의 기계적 성질을 좋게 한다. 장점에는 다음과 같은 것이 있다.

서브머어지드 아크 용접 장치에서 유니온 멜트식의 대차식 자동 용접 장치는 모재와 용접봉 사이의 아크를 일정하게 유지할 수 있는 자동 조절 장치가 있다. 이 용접법의 특징은 전류를 많이 사용하여 용접하며 같은 용접봉 지름에 대하여 아크 용접의 6배 이상의 강한 전류를 사용한다. 따라서 용접 속도가 빠르며 두꺼운 판도 단층으로 용접할 수 있다.

이 용접법은 연강은 물론 특수강 일부 비철 금속을 용접하는 데도 널리 사용한다. 이 기계는 조선, 차량 제작 등에 사용되고 5mm의 용접봉에는 700-1200A로서 작업한다. 보통 용접에서는 여러 번 왕복하면서 반복 용접하여야 되는 것을 단지 한 번의 공정으로 작업할 수 있으므로 용접 시간이 1/10 ~ 1/20 로 단축된다.

- 용제용융형 용제 : 원료 광석을 융해하여 응고시킨 후 분쇄하여 입지를 고르게 한 것으로서 그 주성분은 대체로 다음과 같다.

SiO_2, MnO, FeO, CaO, MgO, Al_2O_3, BaO, TiO_2, Fe,P,S 등을 혼합하여 고온에서 완전히 용융시키고 가스를 배출시킨 후에 분쇄한 것이다. 소결형 용재, 광석 원료 분말, 합금 분말 등을 규산나트륨과 같은 점결제와 더불어 원료가 융해되지 않을 정도의 비교적 저온 상태에서 소정의 입도로 소결한 것이다. 소결형의 특징은 용제 중에 페로실리콘, 페로망간 등을 함유시켜 직접 탈산 작용을 가능하게 하였고 또한 니켈, 크롬, 몰리브덴 등의 합금 성분을 함유시켜 용착 금속의 화학 성 , 기계적 성질을 쉽게 조정할 수 있다.

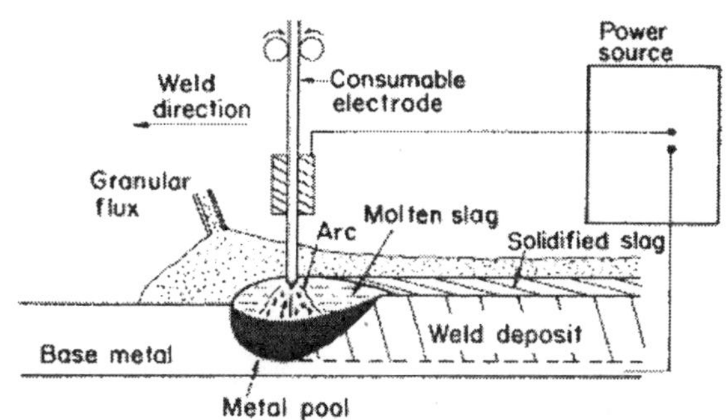

그림 1.23 서브머어지드 아크 용접의 개략도

용제의 입도는 한 종류로서 전류값에 맞추어 구분하여 사용할 필요가 없게 되어 작업 관리상 편리하다.

- 혼성형 용제 : 여러 가지 용제의 성분을 고착제로 접착시킨 후에 입상으로 만든 것이다.

1.3.7.2 불활성가스 아크

용접특수 용접부를 공기와 차단한 상태에서 용접하기 위하여 특수 토하다 불활성 가스를 전극봉 지지기를 통하여 용접부에 공급하면서 용접하는 방법이다. 불활성 가스에는 아르곤이나 헬륨이 사용되면 전극으로서는 텅스텐봉 또는 금속봉이 사용된다.

불활성 가스 아크 용접법은 시일디드 아크 용접이라고도 하고 불활성 가스 분위기에서 텅스텐아크에 의한 열원을 사용하는 방법과 금속 아크에 의한 열원을 사용하는 두 가지의 방식으로 분류된다.

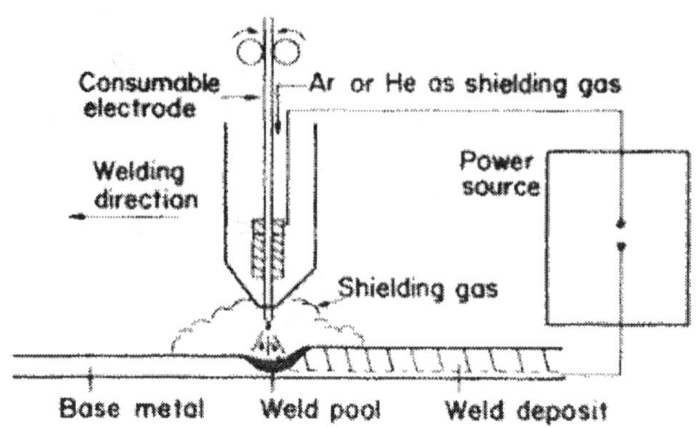

그림 1.24 불활성 가스 아크 용접법의 개략도

모재가 극히 엷은 것에 대해서는 용접봉을 쓰지 않고 두꺼운 판에 대해서는 용접봉을 사용한다. 현재 알루미늄 경합금 고리 및 구리 합금 스테인레스강 등의 용접에 많이 쓰인다.

● 불활성 가스 텅스텐 아크 용접법

티그(TIG) 용접이라고도 하며 이것은 텅스텐 봉을 전극으로 써서 가스 용접과 비슷한 조작 방법으로 용가제를 아크로 융해하면서 용접한다. 이 방법에서 텅스텐은 거의 소모하지 않으므로 비용극식 아크 용접 또는 비소모식 불활성 가스 아크 용접법이라고도 한다. 또한 헬륨아크 용접법 헬리웰드법 아르곤 아크 용접법 등의 상품명으로도 불리어 진다. 불활성 가스 텅스텐 아크 용접법에는 교류나 직류가 사용되며 그 극성은 용접 경과에 큰 영향을 끼친다. 직류 정극성에서는 음전기를 가진 전자가 모재를 세게 충격시키므로 깊은 용입을 일으키며 전극은 그렇게 가열되지 않는다. 그러나 역극성에서는 전극은 적열하게 가열되고 모재의 용입은 넓고 얕아진다

● 불활성 가스 금속 아크 용접법

미그(MIG)용접 이라고도 불리는 불활성 가스 금속 아크 용접법은 용접봉인 전극 와이어를 연속적으로 보내어 아크를 발생시키는 방법으로 용극식 아크 용접법 또는 소모식 불활성 가스 아크 용접법 이라고도 한다. 상품명으로는 에어코우매틱 용접법, 시그마 용접법, 필리 아크 용접법 등으로 불린다. 불활성 가스 금속 아크 용접용 전원은 직류식으로 와이어를 정극으로 하는 역극성이 채용된다. 불활성 가스 금속 아크 용접법은 전원이 정전압 특성의 직류 아크 용접기로서 가는 와이어를 써서 전류 밀도를 높이고 와이어 송급은 일정 속도 송급 방식으로 하는 특징이 있다.

● 원자 수소 아크 용접

2개의 텅스텐 전극 사이에 아크를 방생시키고 이것에 수소를 공급하여 분자 상태의 수소가 아크열로서 원자 상태의 수소로 분해된후 다시 용접면에서 분자 상태의 수소로 환원할 때 발산하는 열로써 용접부가 가열된다. 불활성 가스 아크 용접법, 전기 저항 용접법, 기타 용접법이 발전되어 널리 채용됨에 따라 토하다 구조의 복잡성, 기술적인 난점 비용의 과다 등으로 차차 응용 범위가 축소되고 있다.

- 원자 수소 용접 장치 : 환원성 수소 가스 중에서 진행됨으로 용접부의 산화 및 질화가 방지되고 용접 조직이 좋으며 기계적 강도가 큰 장점이 있다. 응용 범위는 대단히 엷은 판재의 용접 , 각종 탄소강, 주철, 주강, 구리, 합금 및 경합금 등에 비교적 쉽게 사용된다. 원자 수소 용접 장치에는 아크 용접기 수소 탱크 용접용 토하다 등이 필요하다.

1.3.7.3 탄산가스 아크 용접

탄산가스 아크 용접 방법은 아르곤 헬륨 같은 불활성 가스 대신 값싼 탄산가스를 이용한 용접법이다. 탄산가스는 아르곤 헬륨등과 같은 불활성 가스가 아니므로 고온 상태의 아크 중에서는 산화성이 크다. 그러므로 보통 피복되지 않은 용접봉을 사용할 경우 용접부에는 블로우 홀 및 그 밖의 결함이 생기기 쉬우므로 이와 같은 결점을 제거하기 위하여 망간 , 실리콘 등을 탈산제로 하는 망간-규소 계 와이어를 사용하든가 또는 값싼 탄산가스 산소 등의 혼합 가스를 쓰는 탄산가스 산소 아크 용접법을 사용하고 있다.

① 탄산가스 아크 용접 장치 : 용접 장치에는 와이어 송급 장치, 와이어 릴, 그 밖의 사용 목적에 따라 여러 가지 부속품 등이 있다. 그리고 이산화탄소, 산소, 아르곤 등의 유량계가 붙은 조정기 등이 필요하다. 유니온 탄산가스 아크법에서는 자성을 갖고 있는 플럭스가 탄산가스와 더불어 공급되고 용접봉 와이어에 흐르는 직류 전기 때문에 생긴 자장으로 인하여 플러스가 용접봉 와이어에 부착되어 피복 아크 용접봉과 유사한 상태로 용접된다.

② 탄산가스 용접용 와이어와 플럭스 : 탄산가스 아크 용접용 와이어에는 와이어 뿐인 것 용제가 미리 심선 속에 들어 있는 와이어 자성에 의하여 용제를 빨아들이는 방법 등이 있다. 각각 그 장치에 적합한 용접 재료를 선택하여야 한다.

③ 탄산가스 아크 용접 시공 : 심선의 용융 속도는 심선에 영향 없이 아크 전류에 정비례하여 증가한다. 심선의 선단이 너무나 길면 좌우로 흔들리며 비드가 아름답지 못하여 불안전해진다.

1.3.7.4 아크 스폿 용접

아크의 고열과 그 집중성을 이용하여 겹친 두 장의 판재의 한쪽에서 아크를 0.5-5초 정도 발생시켜 전극 팁의 바로 아래 부분을 국부적으로 용해시켜 구멍을 뚫고 이 구멍을 통하여 아래쪽 판을 국부적으로 용해되게 하고 용착 금속으로 융합시키는 용접법이다. 이와 같은 용접 방법은 가스 용접에서도 할 수 있으나 불활성 가스 아크 용접으로 하는 일이 많으므로 아크 점 용접이라고 한다.

① 아크 점 용접의 분류

(a) 비용극식 - 불활성 가스 텅스텐 아크 점 용접법

(b) 용극식 - 불활성 가스 금속 아크 점 용접법, 탄산가스-산소 아크 점 용접법, 탄산가스 아크 점 용접법, 피복 아크 점 용접법

② 아크 점 용접 장치

ⓐ 탄산가스 아크 점 용접법 : 이 용접 장치로는 직류 정전압 특성의 전원 제어 장치 반자동식 용접 토하다 가진 것이 사용된다. 이미 반자동 장치를 가진 곳에서는 토하다 팁 부분만을 점 용접으로 바꾸어 쓴다. 타이머로서 미리 아크 타임을 조정하여 놓으면 용접부에 토하다 대어 당김쇠를 빼기만 하면 되므로 어떠한 숙련도 필요한지 않다. 이 때의 와이어 탄산가스 산소 등은 탄산가스-산소 아크 용접법 에와 같은 것을 사용하면 된다.

ⓑ 불활성 가스 금속아크 점 용접법 : 시그마 반자동 용접 장치에 타이머를 붙인 것이 보통 사용되며 전원은 직류 정전압 특성의 것을 사용하면 된다. 그 밖의 것은 앞에서와 같다. 연강의 불활성 가스 금속 아크 점 용접법은 아르곤의 값이 비싸므로 보통 사용되지 않고 알루미늄 등에 응용된다.

ⓒ 피복 아크 점 용접법 : 이 용접 장치로는 교류 아크 용접기를 이용하여 티탄계 용접봉을 용접하는 수동식과 전용 점 용접기에 의한 반자동식 그리고 교류 아크 용접기에 보조 용접기와 건을 연결하여 사용하는 반자동식 등이 있다.

③ 아크 점 용접법의 적용 : 아크 점 용접법을 사용할 때 판 두께는 1.0-3.2mm 정도의 윗판과 3.2-6.0mm 정도의 아래판을 맞추어서 용접하는 경우가 많은데 능력 범위는 6mm까지는 구멍을 뚫지 않은 상태로 용접하고 7mm 이상의 경우 구멍을 뚫고 플러그 용접으로 시공한다. 이들은 이 용접법의 특징으로서 시공할 때 타이머를 이용하면 균일하고 신뢰성 있는 용접이 가능하며 조작도 간단하여지므로 엷은 판을 비롯하여 일반적으로 철도 차량에 많이 응용되고 있다.

1.3.7.5 엘렉트로 슬랙 용접

일종의 전자동 용접법으로 그 원리는 와이어 전극 슬랙 모재 등의 사이에 전류를 통하면 처음에는 아크가 발생하는 슬랙이 용해하여 아크는 없어지고 저항열로 인하여 슬랙이 대단히 고온으로 되어 모재 및 전극의 일부가 용융하여 슬랙 아래쪽에 용착 금속이 얻어진다. 용접봉 전극은 자동적으로 피이드 되면서 용접된다.

그림 1.25는 와이어가 한 줄기인 경우를 나타낸다. 와이어를 두 줄기 사용하면 100-250㎜의 용접이 가능하다. 와이어를 세 줄기 사용하면 250㎜ 두께 이상의 두꺼운 용접물을 용접할 수 있다.

- 엘렉트로슬랙 용접 장치와 와이어 및 용제 : 엘렉트로 슬랙 용접 장치는 용접 헤드 와이어릴 제어기기 등이 용접기의 주체라고 할 수 있으며 구리제 수냉판은 모재에 밀착시켜서 비드 형상을 아름답게 할 수 있는 것을 선택하여야 한다. 두꺼운 판에서는 전극 진동, 진폭 장치 등을 갖춘 것이 좋다. 엘렉트로 슬랙 용접법의 가장 현저한 특징은 두꺼운 판 아주 두꺼운 판의 용접에 위력을 발휘하는 데 있다.

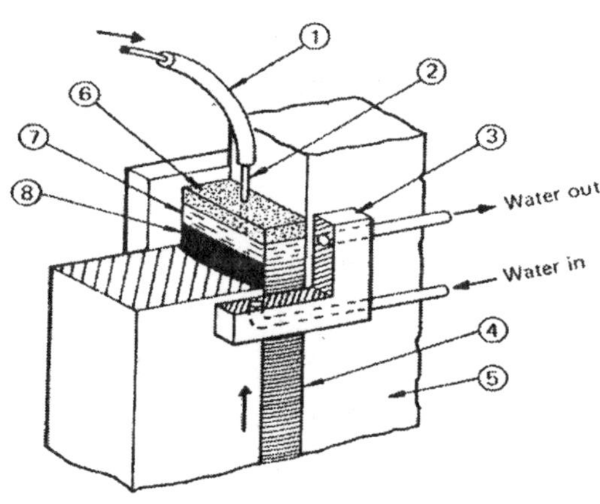

그림 1.25 엘렉트로 슬랙 용접의 원리

1.3.7.6 스터드 용접

직경 10mm이하의 강철 또는 황동제의 스터드 볼트 등과 같이 짧은 봉을 평한 위에 수직으로 용접하는 방법이다. 모재와 스터도와의 중간에 보조링을 끼우고 봉에 압력을 가하면서 통전하면 스터드와 모재 사이에 아크가 발생하여 짧은 시간 즉 1초 이내에 모재의 그 부분은 용융 상태가 되고 또한 보조링도 적열 상태가 된다. 이 때 스터드에 가하여진 압력으로 모재에 밀착하고 전류는 자동적으로 차단되면서 용접이 완료된다.

1.3.7.7 전자 빔 용접

고진공의 용기 중에서 용접부에 다량의 전자 빔을 조사하여 용융하고 용접한다. 고진공 용기 중에서 텅스텐선을 가열하여 열전자를 방출시키고 음극과 용접물 사이에 수천 볼트 전압을 걸어 열전자를 가속시켜 얻어지는 전자 빔으로 용접한다. 강력한 진공 용기가 필요하다.

1.3.7.8 플라즈마 용접 및 레이저 빔 용접

플라즈마는 고도로 전리된 가스체의 아크로서 이것을 이용한 용접으로 플라스마 제트 용접과 플라즈마 아크 용접이 있다. 한편 레이저 빔을 이용한 레이저 용접도 개발되고 있다.

① 플라즈마용접법 가공재를 '+' 의 전극으로 하면 이행형 아크 토하다 하고 노즐 자체를 '+' 의 전극으로 한 것을 비이행형 아크 토하다 한다. 즉 이행형을 플라즈마 아크라 하고 비이행형의 것을 플라즈마 제트라고 불러 구별한다. 플라즈마 아크 쪽이 열이 높아 용접에는 주로 이 형식이 쓰이고 플라즈마 아크 용접법이라 부른다.

② 레이저 빔 용접루비 등을 이용하여 높은 전자 에너지 밀도의 방사광선을 조정공과 렌즈를 사용하여 집중시킨 에너지열을 용접에 이용한 것이다.

1.3.7. 9 저온 용접

특수한 용접봉을 사용하여 일반 가스 용접 및 아크 용접보다도 낮은 온도에서 하는 용접법을 말한다. 용접봉은 모재와 같은 계통의 공정합금을 사용한다. 이 공정 합금은 용융점이 모재보다 낮으므로 용접봉으로도 첨가제의 역할을 한다. 일반적으로 모재의 용융점보다 낮은 온도에서 용접할 수 있으므로 모재의 변질과 변형이 작고 또한 가스 및 전력의 소비량이 적게 된다. 공정 합금은 유동성이 크고 결정이 치밀하여 강도가 큰 장점을 갖고 있다. 이 용접에서는 용접봉의 선택이 중요하다. 모재에 적합한 용접봉을 선택하고 모재를 예열한 후에 작업한다. 가스 용접 토하다 사용하여 모재를 가열하고 용접봉을 용해시킨 후 접합한다. 이 때에 플럭스를 첨가하여 산화를 방치하면서 모재와 잘 접착되도록 한다.

1.3.7. 10 고상 용접

고상 용접은 엄밀한 의미에서 전기 용접과는 다르나 다소 관련성이 있어 여기에서 설명하기로 한다. 고상 용접 원리는 대단히 간단한 것으로 2개의 깨끗하고 매끈한 금속 면을 원자와 원자의 인력이 작용할 수 있는 거리에 접근 시키고 기계적으로 밀착하면 용접이 된다. 현재 실용되고 있는 고상 용접에는 다음과 같은 것이 있다.

① 롤러 용접 : 압연기 롤러의 압력에 의한 용접
② 냉간 압접 : 외부에서 기계적인 힘을 가하여 접합
③ 열간 압접 : 접합부를 가열하고 압력 또는 충격을 가하여 하는 접합
④ 마찰 용접 : 접촉면의 기계적 마찰로 가열된 것을 압력을 가하여 접합
⑤ 폭발 용접 : 폭발의 충격파에 의한 용접
⑥ 초음파 용접 : 접합면을 가압하고 고주파 진동에너지를 그 부분에 가하여 용접
⑦ 확산 용접 : 접합면에 압력을 가하여 밀착시키고 온도를 올려 확산으로 하는 용접 또는 고체의 인서트를 접촉면에 사용하는 일도 있다.

고상 용접 중에서 로울 접합, 열간 압점, 마찰 용접, 폭발 용접, 초음파 용접 등은 공기 중에서 하나 냉간 압접 및 확산 용접은 표면이 더러워지는 것을 방지하기 위하여 적당한 내산화막을 만들던가 또는 진공 중에서 작업한다.

1.3.7.11 마찰 용접

마찰 압접이라고도 한다. 용접할 물체의 접합면에 압력을 가한 상태로 상대적인 회전을 시켜 마찰 발열로 접합부가 적당한 고온에 도달하였을 때 상대 회전 속도를 0 으로 하고 가압력을 증가하여 압접하는 방법이다. 이 방법은 비교적 간단하게 실시되므로 봉재 파이프의 접합에 잘 쓰인다. 특히 드릴, 각종 로드 가스 터어빈, 로우터 축, 자동차 엔진 부품의 용접에 사용된다. 또한 탄소강 특수강 비철 금속의 용접에도 사용된다.

1.3.7.12 납땜 및 테르밋 용접

납땜은 땜납을 녹여 금속을 접합시키므로 접합할 금속보다 용융 온도가 낮은 것이 사용된다. 땜납의 대부분은 합금으로 되어 있으나 단일 금속도 쓰인다. 땜납은 모재보다 용융점이 낮아야 하고 표면 장력이 적어 모재 표면에 잘 퍼지며 유동성이 좋아서 빈틈이 잘 메워질 수 있는 것이어야 한다. 이 밖에도 사용목적에 따라 강인성, 내식성, 내마멸성, 전기 전도도, 색채 조화 등이 요구된다. 납땜에는 연납과 경납의 두 가지 계통이 있다. 연납은 연의 용융 온도 보다 낮은 것을 그리고 경납은 용융 온도가 대체로 400℃ 이상의 것을 말한다. 납땜할 때에는 땜할 부분을 화학적으로 깨끗이 하기 위하여 용제를 사용한다. 연납땜할 때의 가열 방법으로는 목탄 또는 가스 버너를 사용하고 땜 인두로써 땜을 한다. 경납땜 에는 코크스 가스 전열 고주파 유도열 등이 열원으로 사용된다.

① 테르밋 용접 : 테르밋 반응이라 함은 금속 산화물이 알루미늄에 의하여 산소를 빼앗기는 반응을 총칭하는 것으로 이 반응을 용접에 응용한 것을 테르밋 용접법이라한다. 그리고 금속 산화물과 알루미늄 분말의 혼합물을 실용되고 있는 철강용 테르밋 제라 한다.

이것에 점화시키면 강력한 화학 작용으로서 알루미늄은 산화철을 환원하여 유리시키고 알루미나가 된다. 이때의 화합 반응열로서 3000℃ 고열을 얻을 수 있어 용융된 철을 용접 부분에 주입하여 모재를 용접한다. 테르밋 용접에 적당한 재질은 강철이며 주로 전차 레일의 용접에 사용되고 그 밖의 기어, 큰 축 및 선박 부분품에도 사용된다.

ⓐ 용융 테르밋 용접법 : 현재 가장 많이 사용되고 있는 방법으로 테르밋 주조 용접법이라고도 한다. 테르밋 반응으로 도가니 안에 용해시켜 놓은 용융 금속을 도가니 밑부분에 있는 구멍으로부터 미리 이음주위에 만든 주형 속에 주입하여 용접 홈 간격 부분을 용착시킨다. 용접 홈은 800-900℃로 예열하여 용융 금속과 모재의 용합을 촉진시킨다.

ⓑ 가압 테르밋 용접법 : 이 방법은 일종의 압접으로 모재의 단면을 맞대어 놓고 그 주위에 테르밋 반응에서 생긴 슬랙 및 용융 금속을 주입하여 가열시킨 후 큰 압력을 주어서 용접한다. 테르밋 용접법의 특징으로 다음과 같은 점을 열거할 수 있다.

② 연납땜 : 납땜은 강철 황동 구리 니켈 등의 엷은 판재 또는 가느다란 선재 등과 양철판 함석판 또는 각종 구리 합금의 제품에 사용된다. 알루미늄은 특수 땜납으로만 접합되고 주철 스테인레스 강철판 크롬 도금판에는 연납땜이 되지 않는다. 연납은 연과 주석의 합금이 사용되며 주석 양이 연 보다 많은 땜납을 상납이라고 한다.

2 용접 자동화시스템 및 용접설계

2.1 개 요

인력부족으로 기인된 인건비 상승으로 용접 자동화를 요구하게 되었으며 기계의 발달로 다양한 용접 수단과 방법들이 개발되었다. 이러한 용접을 활용 방안은 수동용저, 반자동용접, 기계용접, 완전자동용접 등으로 구별된다. 용접은 가공물의 변형을 야기 하는데 이러한 변형을 보상할 수 있는지 여부에 따라 용접시스템 폐쇄회로 시스템과 개방회로시스템으로 구분된다. 수동 용접, 반자동 용접, 기계용접과 센서를 갖는 완전 자동용접은 폐쇄회로 시스템으로서 변형을 보상할 수 있으나 센서를 갖추지 않은 완전 자동 시스템은 보상기능이 없으므로 오차 보정 방안(가공물 정렬, 견고한 고정장치)이 있어야한다.

2.2 아크용접로봇 자동화 시스템

아크용접의 로봇화에는 GMAW(Gas Tungsten Arc Welding)가 이용되고 있으며 시스템은 로봇, 컨트롤러, 아크발생기구, 용접물 이동장치(포지셔너), 적응제어를 위한 센서, 로봇 이동장치(갠트리, 칼럼, 트랙), 작업자를 위한 안전장지 용접물 고정 장치 등으로 구성된다.

2.2.1 로봇

로봇에 대하여 미국 로봇협회(Robot Institute of America, RIA)에서는 “로봇은 여러가지 작업을 수행하기 위해 자제, 부품, 공구, 특수 장치등을 프로그램된 대로 움직이도록 설계되고, 재프로그램이 가능하며 다기능을 가진 매니플레이터”라고 정이하고 있다.

이러한 로봇의 장점은 인건비의 절감, 정밀도와 생산성의 향상, 전용기계에 비해 우수한 유연성, 지루하고 반복적이며 위험한 작업을 로봇에게 시킴으로써 인간의 작업 환경개선등이 있다. 아크 용접에서 로봇은 프로그램된 위치에 용접토치를 이동시켜 용접을 실행하는 역할을 하고 있다. 이러한 로봇은 일련의 관절이나 링크로 구성되며 각각은 기어, 체인, 나사로 연결되어 있다. 그리고 구성체는 공압이나 유압의 선형 엑츄에이터 및 회전형 모터로 구동된다. 유압 구동 로봇은 반복 정밀도(repeatability)와 이동 정밀도(accuracy)가 상대적으로 덜 중요한 페인팅이나 저항 점 용접에 사용되기도 한다. 아크 용접을 위한 로봇은 모든 위치에서 항상 부드럽게 이동되어야 하므로 거의 모든 전기 구동을 택하고 있으며, 특히 위치제어를 위한 절대치 인코더(encoder)를 구비한 AC서보 모터와 브러시가 없는 DC모터가 많이 보급되어 있다.

표 2.1은 구동 시스템의 장·단점을 나타내고 있다. 전기식 구동 모터는 작은 관성, 큰 강성, 선형제어가 정확하고, 빠른 가속 능력과 제어가 편리해야 한다. 모터로 구동된 동력은 기어, 체인벨트 케이블, 웜 스크류 등에 의해 변속되어 로봇 각 관절에 전달된다.

표 2.1 로봇 구동 시스템

	장점	단점
유압식	큰 가반 중량 적당한 속도 정확한 제어	고가, 장치의 큰 부피 소음 저속
공압식	저가 고속	정밀도 한계 소음 에어필터가 필요 습기 건조 시스템 필요
전기로터	고속 정밀 비교적저가 사요간단	감속장치필요 동력한계

일반적으로 하부 3축에 의해서 로봇을 분류하는데 크게 직교 좌표형 로봇(cartesian coordinate robot), 원통 좌표형 로봇(cylindrical coordinate robot), 구 좌표형 로봇(spherical coordinate, polar coordinate robot), 수평다관절형 로봇(Selective

Compliant Articulated Robot for Assembly, SCARA), 수직 다관형 로봇 (anthropomorphic coordinate robot, jointed arm robot, articulated robot) 등이 있다.

그림 2.1과 같이 직교 좌표형 로봇은 3개의 직선 운동만 제어하므로 제어가 간단하고 정밀도가 우수하다. 또 로봇이 들 수 있는 가반 중량을 크게 하여 큰 용접물을 용접할 때 주로 이용된다. 그러나 용접 토치를 용접선 형상에 알맞은 자세를 취할 수 있는 능력인 작업능숙성과 용접물의 형태 크기의 변화에 때한 빠른 적응 능력인 유연성이 떨어지는 단점이 있다. 원통 좌표형 로봇은 1축의 회전과 2축의 직선운동을 하며 작업공간이 원통형상을 하고 있다. 구좌표형 로봇은 1축의 직선 운동과 2축의 회전 운동을 가지며 작업 공간이 구형 형상을 하고 있다. 구좌표형 로봇은 1축의 직선 운동과 2축의 회전 운동을 가지며 작업공간이 구형 형상을 하고 있다. 수평 다관절 형 로봇의 1축은 직선 운동을 2축은 회전 운동을 하며 단일 평면 용접만 가능하므로 그다지 많은 수요가 없다. 수직 다관절형 로봇은 모든 관절이 회전운동을 하므로 제어가 어렵고 작업 공간이 복잡한 형상을 가진다. 그러나 작업 능숙성과 유연성이 뛰어나 로봇의 주종을 이루고 있다.

그림 2.2는 수직 다관절 6축 로봇이 회전축들을 보이고 있다. 용접 토치와 건은 로봇의 손목에 부착되는데 로봇 손목은 2축 및 3축의 회전 운동능력을 가지며 3축의 경우 일반적으로 사람의 손목과 비슷한 요(yaw, 꼬임, tilt) 롤(roll, 비틀림, twist), 피치(pitch, 구부림, bend)등의 운동을 한다. 로봇의 하부 3축과 손목은 사람이 용접을 하는 것과 같이 토치가 용접을 하수 있도록 한다. 이때 모든 용접 자세에 알맞도록 작업 각도와 이송 각도의 토치 방위와 토치 거리를 고려한 위치에서 용접을 실행하게 된다. 생산성 측면에서 고려할 사항으로는 고장간의 시간(Mean Time Between Failure, MTBF), 오차 빈도수, 평균수리 시간, 로봇 교체 기간등이 있으며 로봇을 선택할 때 고려되어야 하는 사항으로는 작업공간, 로봇중심 축에서 토치 팁까지의 거리인 팁 도달거리(reach), 토치운동을 위한 자유도의 수, 가반 중량, 이동속도, 반복, 정밀도, 이동 정밀도, 분해등이 있다.

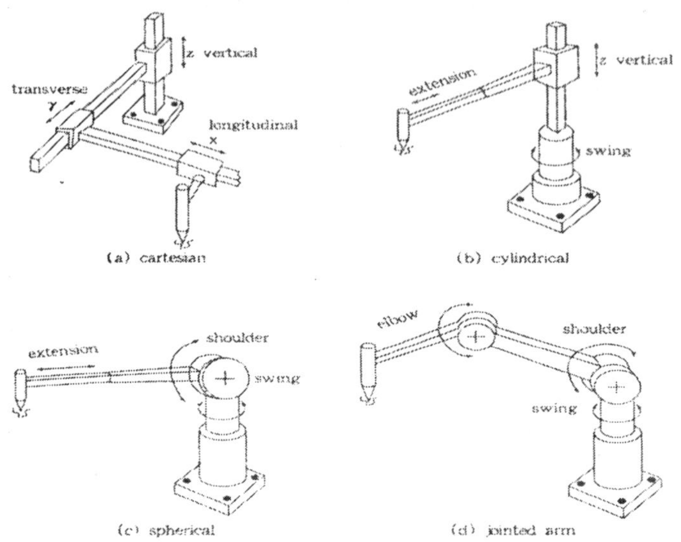

그림 2.1 로봇의 종류

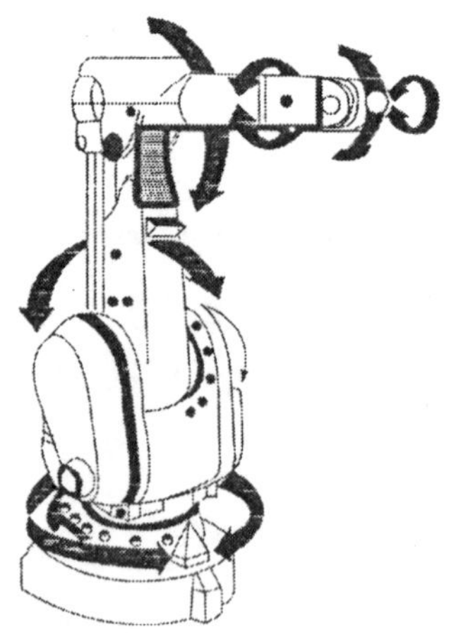

그림 2.2 수직다관절 6축 로봇의 회전축

2.2.2 컨트롤러

컨트롤러는 아크 용접 로봇 시스템에서 두되에 해당하며 프로그램 된 정보를 저장하고 빠른 계산을 하도록 고속의 마이크로 프로세서를 구비하고 있다. 프로그램되어 있거나 각종 센서에 의해 측정된 위치, 속도, 기타 여러 변수를 계산하여 로봇 구동 장치인 모터나 액추에이터를 구동한다. 컨트롤러는 크게 개방회로와 제어와 폐쇄회로 제어로 구분된다. 개방회로 제어는 미리 정해진 기계적 멈춤 장치(mechanical stop)에 의하여 움직이며 주로 자제 운반에 유용하다. 이러한 로봇은 사실상 로봇이라고 하기 힘들다. 아크 용접에서는 로봇이 용접물의 고정 오차나 용접 중 열 변형에 의한 오차를 보정하면서 용접이 이루어져야 한다. 따라서 폐쇄회로 제어 컨트롤러는 단순히 로봇만을 구동하는 것과 포지셔너와 같은 부수 장비의 컨트롤러를 따로 두지 않고 로봇 컨트롤러로 통합한 것이 있다. 복잡한 형상을 용접할 때 에는 이러한 컨트롤러의 동시 제어에 의한 용접이 필요하게 된다.

2.2.3 용접장치

아크를 발생하여 용접을 행하도록 전력을 전달하는 용접기는 아크 전압 안정화가 매우 중요하다. 센서에 의해 전류의 양을 검출한 것이 컨트롤러에 들어가서 와이어 송급기에 전원을 준다. 와이어 송급기는 그 정도에 따라 송급 속도를 조절 하게 된다. 송급 속도에 신뢰성를 부여하기위해 4개의 바퀴구동을 하고 이를 감지하는 센서를 구비한 와이어 송급기도 있다. 또 와이어 송급기는 가능하면 용접 토치까지의 길이가 짧아야 용접 전류에 대한 반응이 빠르게 된다. 용접 건은 가볍고 작은 것이 유연성 확보에는 이로우나 충돌을 고려한 강도에는 해가 될 수 있다. 따라서 용접 건은 충돌을 고려하여 스프링이나 기타 충격 흡수 장치를 구비 하는 것이 필요하다.

2.2.4 포지셔너

용접물을 고정하여 용접 토치에 능숙성과 작업 영역 확대를 부여하는 주로 포지셔너는 다음과 같은 이유에서 고려가 되고 있다.

첫째, 최적의 용접 자세를 유지할 수 있다.

둘째, 로봇 손목에 의해 제어 되는 이송 각도의 일종의 변화를 줄일 수 있다. 롭소 컨트롤러에 의해 로봇과 포지셔너가 동시 제어되는 시스템의 경우, 용접자세가 안정돼 하향 용접이 되도록 용접물을 포지셔너가 변환시켜 준다.

셋째, 용접 토치가 접근하기 어려운 위치를 용접이 가능하도록 접근성을 부여한다.

넷째, 바닥에 고정되어 있는 로봇의 작업 영역 한계를 확장시켜 준다.

이러한 포지셔너를 이용하여 얻을 수 있는 효과는 하향 용접으로써 중력을 이용하여 용접 상태가 양호하여지고 보수 작업량도 감소하게 된다. 그리고 이와 같은 용접 자세에 의해 보다 높은 용접전류와 와이어 송급속도를 유지 할 수 있으므로 생산성 향상을 도모 할 수 있다.

구동 시스템은 인덱스 모델과 기어 구동 모델이 있다. 인텍스 포지셔너는 저가형 컨트롤러에 적당하며 공압 엑추에이터나 AC 일정 속도 모터를 이용하여 최종위치의 신호만 컨트롤러에 출력한다. 기어 구동 포지셔너는 매우 복잡하나 속도의 역전이 뛰어 나며 가변 제어에 잘 적응한다. 이 형식의 장치는 이동 속도를 달리할 수 있는데, 오차는 기어에 의한 백래쉬와 컨트롤러 계산에 의한 오차등이 있다. 축의 구동은 서보 모터, 웜기어를 이용한 감속기이며, 위치 제어는 레졸버를 이용한다. 포지셔너의 구분은 작업대의 유무와 자유도에 의해 그림2.3과 그림2.5에서와 같이 나누기도 한다.

포지셔너의 선택을 위해서는 먼저 제어 방식, 기반 중량, 포지셔너의 작업환경, 요구정도, 자유도 및 축의 형태, 반복 정밀도, 위치 정밀도 등을 파악하여야 한다.

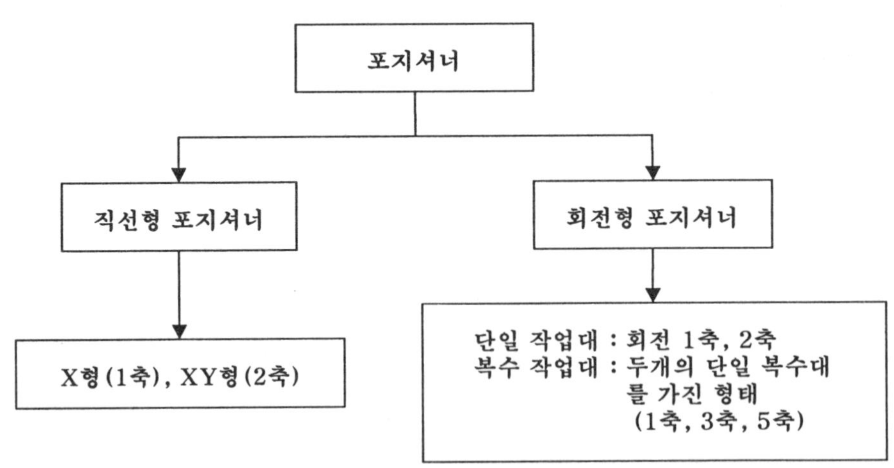

그림 2.3 포지셔너 구분

제어 방식은 컨트롤러의 기능이 필요한 용접 조건에 알맞도록 선택되어야 한다. 기반 중량은 용접물의 중량뿐 아니라 무게 중심과 관련되어 포지셔너의 능력을 나타낸다. 만약 포지셔너가 용접물을 지지하는 표면에서 용접물 무게 중심까지의 거리가 50mm에서 227kg 의 기반능력을 가졌다면 10mm의 표면과 떨어진 거리에서 1.135kg의 기반 능력을 가진 것과 같다 그러므로, 가반 중량과 함께 용접물을 지지하는 표면에서 용접물의 무게 중심까지의 거리가 고려되어야 한다. 보통 76~152mm 정도의 거리에서 가반 중량을 판단하는 것이 좋다.(그림 2.4)

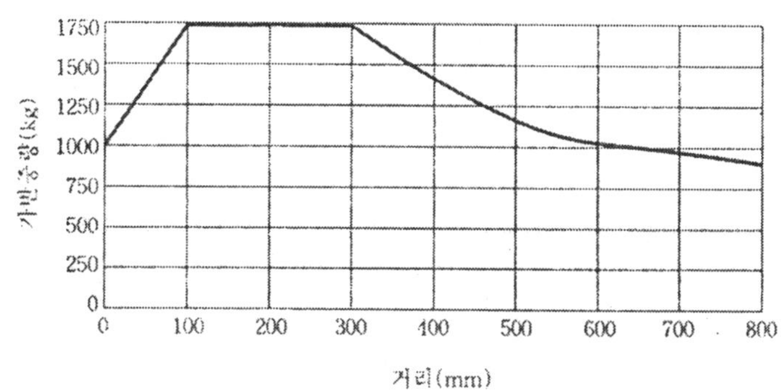

그림2.4 포지셔너 회전중심에서 용접물의 무게중심까지의 거리에 따른 기반 중량의 변화

그림2.5 포지셔너의 종류

2.2.5 센서

센서는 각종 외부 정보를 인식하여 컨트롤러에 전달한다. 용접에서는 용접시 고열에 의한 변형이 발생하므로 용접선 추적이 상당히 큰 문제로 대두되고 있으며 이를 위해서는 센서에 의한 폐쇄회로로 제어 방식이 필수적이다. 또, 자동화를 도입할 때 용접물과 자동화 장비의 오차에 의해 발생되는 가공 여유도 고려해야 한다.

2.2.5.1 센서의 종류

아크 용접에 사용된 센서는 크게 표 2.3과 같이 접촉식과 비접촉식의 두 가지로 구분 된다.

표 2.3 센서의 종류와 적용방식

센서의 종류	활용분야	비고
접촉식센서	기계식-토치와 함께 이동하는 롤러 스프링 전자-기계식-양쪽에 연결된 탐침 용접선 내부 접촉 탐침-전자 기계식 복잡한 제어를 갖는 탐침	용접선 추적용
비접촉식센서	물리적 특성과 관계된 비첩촉 센서 음향: 아크 길이 제어 캐피시턴스: 접근 거리 제어 와전류 :용접선 추적 자기유도: 용접선추적 적외선복사 : 용입깊이제어 자기: 전자기장 측정 초음파: 용입 깊이와 용접 품질 제어 Through-the-Arc 센서 아크 길이 제어 (아크 전압 제어) 전기적 측정을 하면서 좌우 위빙 운동 광학, 시각(이미지 포착과 처리) 센서 빛, 반사 용접 아크 상태 검출 용융지 크기 검출 아크 발생 전방의 이음 형태 판다 레이저 음영 기술 광학 전자 기술 기타 시스템	다목적용

2.2.5.2 센서의 예

① 접촉센서

그림 2.6과 같은 접촉센서는 탐침으로 가스 노즐과 핑거를 사용하며 탐침과 용접물 사이에 전기적 접촉을 감지한다. 따라서 용접물의 유무 및 위치, 방위를 감지한다. 따라서 용접물의 유무 및 위치, 방위를 식별하며 용접선의 위치를 인식한다. 구조가 간단하고 저가이며 사용이 편리하다는 장점이 있으나 맞대기 용접과 얇은 겹치기 이음에는 사용하지 못하며 표면을 청결하게 유지하여야 한다.

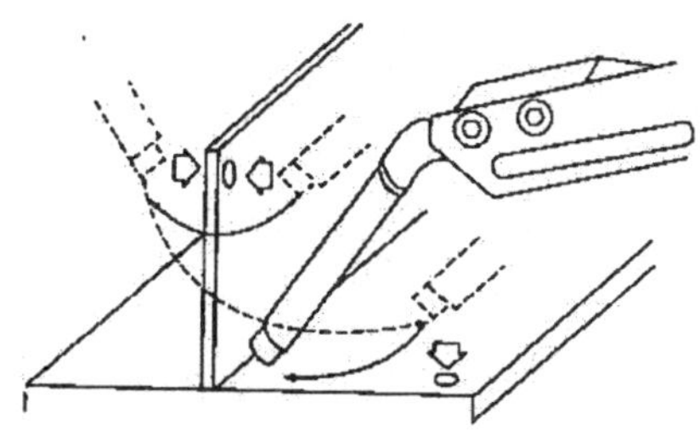

그림 2.6 접촉센서

② Through-the-Are 센서

그림 2.7은 비접촉 센서로써 아크 용접 도중 위빙할 때 용접 피라미터의 변화를 감지한다. 필렛 용접이나 U, V형 조인트와 일정 두께 이상의 겹치기 이음 용접선 추적이 가능하며, 용입량 제어가 필요 없고 위빙에 적당한 부피가 큰 용접물에 알맞다.

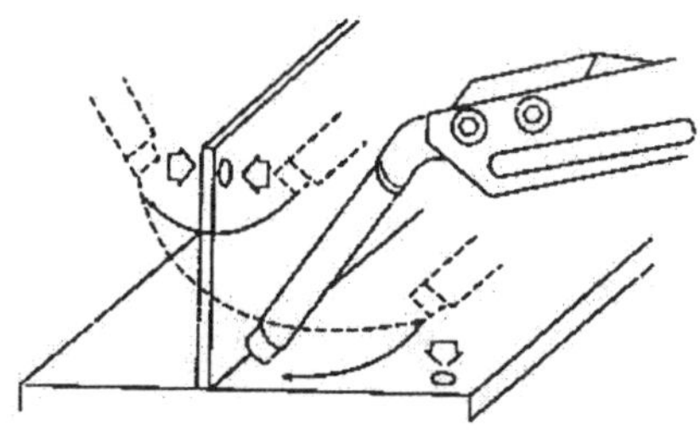

그림 2.7 Through-the-arc

③ 광학시스템을 이용한 용접선 전방의 이음 검출

그림 2.9와 같이 용접 위치의 전방을 인식한다. 이음부의 체적변화에 잘 적응 할 수 있어서 V-홈, 겹치기 이음, 필릿 이음, J-홈, 맞대기 이음과 모서리 이음등 여러 종류 이음의 용접선 위치 검출과 추적에 적당하다. 그러나 용접 건의 주위에 장치가 있기 때문에 접근에 한계가 있다.

그림 2.8은 미세한 전방 이음을 검출하는 예를 보이고 있다. 따라서 용접점 바로 전방에 위치하기 때문에 얇은 용접 두께에의 적응과 빠른 용접선 추적이 가능하다. 그러나 접촉에 의한 피해 우려가 있다.

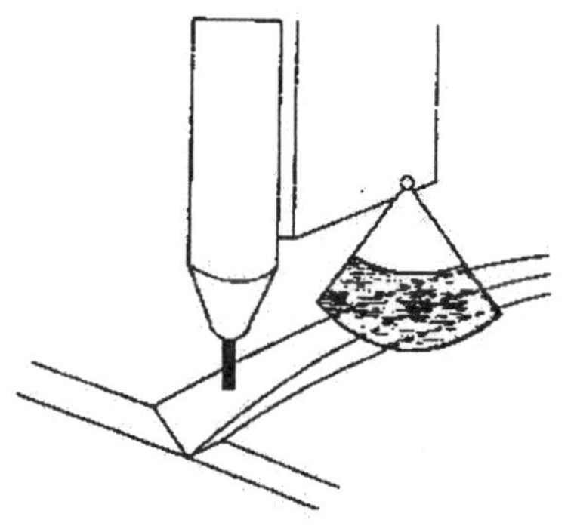

그림 2.8 적응 체적 제어 센서

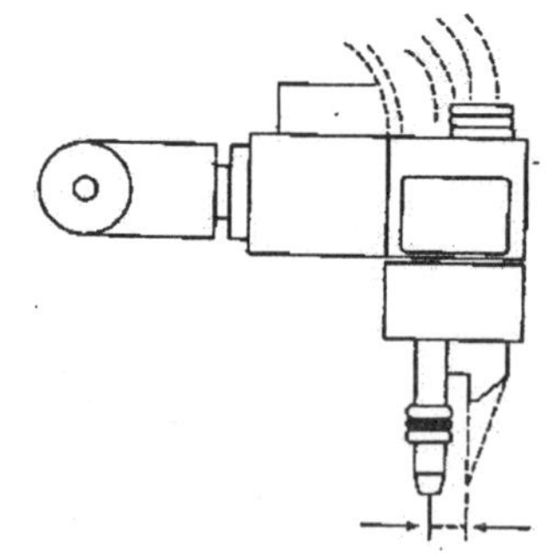

그림 2.9 전방 인식 광센서

④ 삼각형 방법을 이용한 광학센서

그림 2.10과 같은 센서는 용접물의 위치와 겹치기 이음, 맞대기 이음 및 필릿 이음의 위치를 감지하여 거리를 측정한다. 매우 정밀하여 빠른 인식 능력을 가지고

있고 빛과 표면상태에 둔감하다. 그러나 접촉에 의한 피해의 우려가 있고 특정한 장치가 없이는 시각 인식이 불가능 하다.

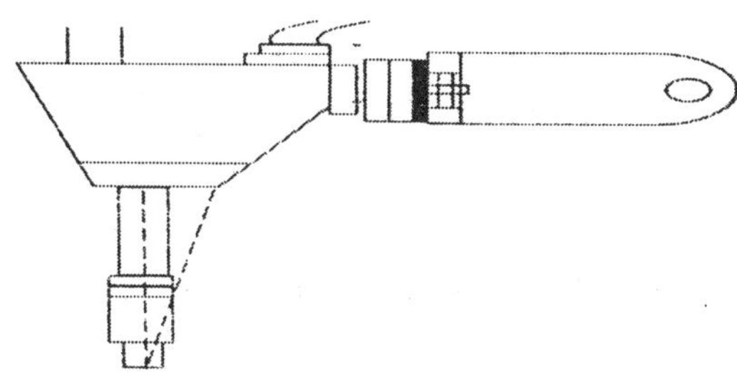

그림 2.10 삼각형 방법을 이용한 광센서

2.2.6 트랙, 갠트리, 칼럼 및 부속 장치

용접물이 로봇의 작업 공간 보다 큰 경우 이러한 용접물을 위한 기구로서 트랙, 갠트리, 칼럼 등이 있다. 트랙, 갠트리와 칼럼은 로봇의 작업 공간 확장과 유연성 부여, 생산성 향상 등 여러 가지 이점을 준다. 또 단일 로봇으로 복수의 작업대의 용접물을 연속으로 작업할 수 있도록 하여 로봇이 아크 타임을 증가시킨다. 이러한 이유로 효율적인 활용을 위해서는 로봇과 포지셔너를 포함한 모든 축을 동시 제어 하는 컨트롤러가 있는 것이 유리하다. 여러 가지 장비를 표준화 하고 검증된 작업 예를 기초한 모듈화 시스템은 용접 가능 중량, 이송 능력, 안전성, 반복 정밀도, 단일 컨트롤러에 의한 제어가능 축 수에서 이점이 있다.

2.2.6.1 트랙

로봇을 트랙 위에 위치시켜 이동 영역을 줌으로써 아크 로봇의 작업 공간을 확장 시킨다. 또 미래의 용접물 크기에 유연하게 대처 할 수 있게 된다. 트렉을 이용한 시스템에서 용접 가능한 용접물은 패너, 뒤 자축 트랙터 프레임, 가구 프레임, 침대 프레임, 창틀, 컨테이너 문, 컴퓨터 랙 등이 있다. 로봇의 아크 시간 향상과 생산성을 증진시키기 위해 단일 로봇과 복수 작업대를 활용한다. 그림 2.11은 이러한 작업의 예를 보이고 있다.

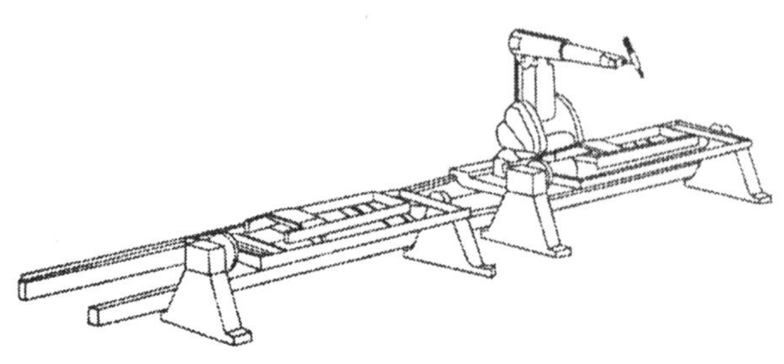

그림 2.11 두작업대에서 용접이 가능하도록 트랙터위에 있는 용접용 로봇시스템

2.2.6.2 갠트리

갠트리는 그림 2.12와 같이 철 구조물에 로봇이 매달린 형상으로 용접을 실행하는 기구이다. 칼럼이나 트랙에 비해 용접물의 크기에 구애 받지 않기 때문에 매우 큰 용접물을 여러대의 로봇으로 동시 용접이 가능하며, 고정형, 로봇 상단 이동형, 로봇과 갠트리 동시 이동형이 있다.

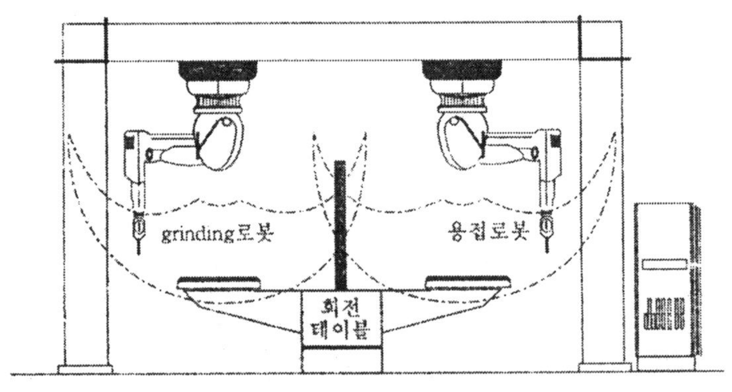

그림 2.12 갠트리에 두 대의 로봇을 매달은 시스템

2.2.6.3 칼럼

칼럼은 모듈러 개념에서 시작되었으며 트랙이 단일 방향으로 이동하는 것과 달리 수직과 수평방향으로 이동된다. 그리고 지상에 고정되어 있는 영역이 작으므로 공장 배치에 있어서 효율적이며 용접 와이어와 전원 및 센서의 케이블을 칼럼내 덕트와 하여 불필요한 노출을 피하게 되어 있다.

로봇은 매달린 형태를 취하고 있어서 보통 지상 고정형에 비해 접근성과 용접 자세가 향상된다. 컬럼의 형태로는 고정형, 이동형, 회전형, 이동 회전겸용이 있으며 이용 가능한 용접물로는 판넬, 뒤 자축, 프레임, 컨테이너 문과 벽, 병원용 침대, 버스 자체, 덤프 트럭 몸체, 농기구, 광산 장비, 트랙터, 샤시 등이 있다.

2.2.6.4 용접물 고정 장치

용접물 고정 장치는 상당히 경험을 필요로 하는 것으로서 용접 전후의 용접물 여유도 알아야 한다. 이를 위해서는 완전한 시스템의 개략도와 상세도가 필요하다. 고정구이 형상은 용접물의 형상과 포지셔너의 포함 되어야 한다. 열, 품, 스패터에 고정 장치가 손상을 입지 않도록 보호 수단도 갖추어야 한다.

2.2.7 안전관리

아크 용접 로봇 시스템은 지반 고정을 확실히 하여 진동으로 인한 로봇이나 포지셔너의 흔들림이 없도록 한다. 안전을 고려하여 접근하기 편한 위치에 긴급 정지 스위치도 장착하여야 한다. 긴급 정지 스위치의 색깔은 유지하고 로봇 동작만을 정지시킨다.

용접중 스패터나 빛에 의한 작업자의 해를 방지하기위해 아크용접 로봇시스템 주위를 완전히 두를 수 있는 안전 장치도 있어야 한다. 이러한 안전장치로는 체인과 가드레일, 보호막과 문, 빛 차단용 커텐, 압력 감지형 매트 등이 있다. 시스템 디자인 중에는 충분한 수정 시간과 작업자 교육 시간을 가져야 한다. 그리고 프로그램된 위치에 작업자에게 방해가 되는 장애물이 되도록 없애 주는 노력이 필요하고 작업자가 용접 위치에서 적당한 거리를 유지 하도록 설계하여야 한다.

3 센싱 및 제어

3.1 개 요

센서(sensor)의 용어는 1960년 후반에 들어와 사용하기 시작 했으며 사전적으로는 감지기 혹은 감지장치로 번역이 된다. 센서는 검지대상의 물리량이나 화학량을 선택적으로 포착하여 유용한 신호(주로 전기적인 신호)로 변환, 출력하는 장치로 센서의 시스템은 신호처리를 담당하는 전자 시스템(컴퓨터, 제어, 통신)과 입출력의 기능을 담당하는 센서, 변환기(transducer), 엑츄에이터(actuator)로 구성된다. 변환기는 어떤 종류의 신호 또는 에너지를 다른 종류의 신호 또는 에너지로 변환하는 장치이며 엑츄에이터는 명령을 수행 처리하는 동작기로서 모터 등을 이용하는 각종 기계장치, 디스플레이 장치 등을 말한다.
센서의 종류 센서는 영어의 sense에서 파생된 단어로서 인간 혹은 생체의 감각 또는 감각기관과 유사한 장치이다.

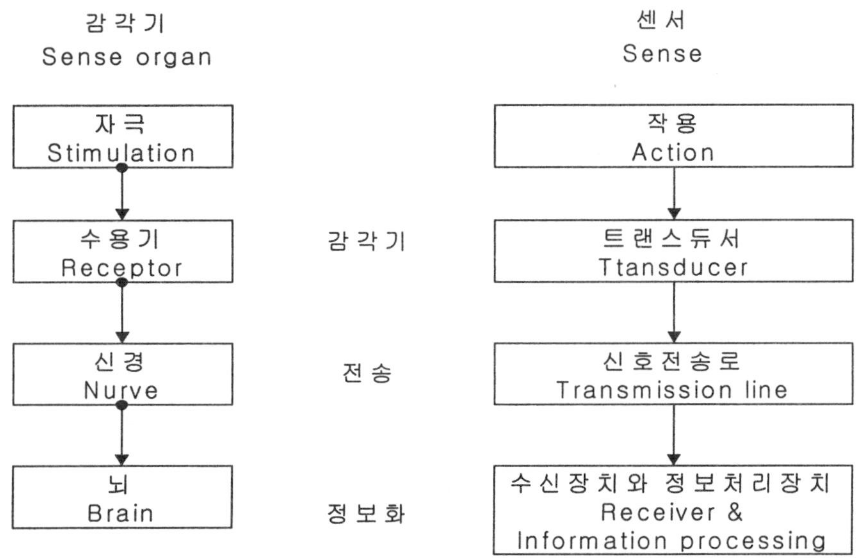

그림 3.1 감각기와 센서

기계장치의 센서를 인간의 감각기관과 대비해 보면 센서라는 말이 감각기라는 말로부터 연상에 의해 만들어졌다고 해도 극히 자연스러운 것으로 생각된다. 감각기는 그림 3.1에서 보인 것과 같이 수용기, 신경, 및 뇌의 3부로 구성되어 있다. 외계로부터 수용기에 전해지는 자극이 수용기에서 전기신호로 변환되어 그 신호는 신경으로 보내지고 뇌로 보내어져서 여기서 정보화된다. 여기서 대해서 센서는 외계로부터 받은 작용은 트랜스듀서에 의하여 정보화에 적합한 에너지 형태의 신호로 변환되어, 신호 전송로를 거쳐 정보 처리 장치로 입력되어서 거기에 제어나 감시에 쓸 수 있는 정보로 바뀌어져서 출력된다.

센서가 산업에 적용하는 형태는 크게 두 가지로 구분될 수 있는데 하나는 인간의 중계없이 외부 정보가 직접 입력될 수 있는 감지 기능을 기계장치에 부여하여 자동화 혹은 지능형 시스템을 구성하는 것이고 다른 하나는 감지장치를 이용하여 인간의 감각능력을 확대하는 것이다.

표 3.1은 센서의 분류를 나타내며 표 3.2는 전기 용접에 이용된 센서의 이용범위를 나타낸다. 센서는 크게 접촉과 비접촉센서로 분류되며, 현재는 접촉센서보다 비접촉센서를 이용하여 용접공정제어 및 용접추적에 많이 사용되고 있다.

표 3.1 Classification and application of sensor

Classification	Application	Remark
Contact sensor	· Roller spring moving together with mechanical-torch · Electo-mechanical contacting probe · Probe-electic-mechanical type contacting seam tracking · Probe for complex control	
Non-Contact sensor	· Physical characteristic of non-contact sensor -Acoustic : arc & length -Capacitance : near-distance control -Eddy current : seam tracking -Induction : seam tracking -Infrare radiation : penetration control -Magnetic : electomagnetic field measurement -Ultrasonic : penetration & welding quality control · Through-the-Arc sensor -Arc length control -Weaving motion with electrical measurement : GMAW, GTAW · Optical sensor -Reflect of light -Detector of welding arc state -Detector of weld-pool size -Analysis of joint-type front arc spark -Laser shadow technique -Rastering -Optival & electronics	

표 3.2. Object range of sensors used in arc welding

	Detection object	Specific example
Inside range	Welding materials	Contact or non-contact type sensors that can recognize welding position, groove shape, and obstructions.
	Welding characteristics	Sensor that can recognize arc length, wire extension length, arc shape, weld pool dimensions, external appearance of bead, penetration condition, and arc sound.
outside range	Welders	Sensors for detecting quantity of shield gas flow(pressure), coolant water pressure, current overload, and wire feed torque.
	Automatic welders	Sensors that control position by encoders or potentiometer and/or sensors that control speed by tachometers and wire feed torque.
	Welding quality control	Sensor for inspecting the results of welding by X ray and ultra-sound and sensors for recording welding parameters.

3.2 용접 공정을 제어하기 위한 센서 기술

용접 자동화율의 향상을 도모하기 위해서 용접라인에 로봇을 적용시켰을 때, 용접부의 오차를 흡수할 수 있는 센서기술의 용접로봇의 주 연구 관심사로 중요시 되고 있다. 실제로 최근의 로봇에서는 total 용접 시스템으로서 용접부의 수치오차나 구부러짐을 검출하기 위한 센서기능을 갖는 시스템이 많이 개발되어 산업에 이용되고 있다.

3.2.1 접촉센서

용접개시점은 별도의 방법에서 정확히 검출할 때 이용되고 있는 센서로 과거에는 독립한 접촉 플로브를 이용하는 방식도 사용되고 있지만, 현재는 토지 자체를 플로브로 하는 방식이 주류를 이루고 있다. 일반적으로는 용접와이어를 접촉 플로브로 하고, 모든 와이어 터치 센서가 많이 이용되고 있으며, 검출정밀도의 향상을 위해서 와이어의 굴곡벽이 악영향을 미칠 때는 노즐을 접촉시키는 경우도 있다. wire touch 센서에서는 용접 전원회로와 접촉 플로브 회로를 전환하여 이용한 것으로 와이어에 고전압(AC수백V)을 인가하여 모재와의 접촉에 있어서 선단 커터를 포함하는 와이어 엑스텐션을 포함하는 장치와 토지에서의 와이어 선단커터를 포함하는 와이어 엑스텐션을 포함하는 장치와 토치에서의 와이어 클램프장치를 병용하는 경우도 있다. 여기서 와이어가 접촉하기 까지 고속으로 동작시켜 접촉한 상태에서 갈라진 동작을 극저속으로 하고 와이어가 모재에서 이탈하는 위치를 검출하는 것에 의해 검출의 정밀도를 향상시키는 방법도 있다. TIG용접의 경우에는 텅스텐전극이나 필라와이어를 접촉 플로브로 이용한다.

그림 3.2와 같이 접촉 센서는 탐침으로 가스 노즐과 핑거를 사용하여 탐침과 용접물 사이에 전기적 접촉을 감지한다. 따라서 용접물의 유무와 위치 방위를 식별하여 용접선의 위치를 인식한다. 구조가 간단하고 저가이며 사용이 편리하다는 장점이 있으나 맞대기 용접과 얇은 겹치기 이음에는 사용 하지 못하며 표면을 청결하게 유지해야 하는 단점이 있다. 와이어터치 센서는 모재의 벽을 검출, 교시의 위치와 플레이 백시의 위치의 차이를 교시점의 위치보정을 반영시킨 것으로 이 동작의 조합으로 위치만 아니라 용접선의 회전이나 토지각도의 보정(그림 3.3), 개선폭이나 개선형상의 보정(그림 3.4) 개선위치의 검출(그림 3.5)등이 가능하게 된다.

워크의 오차에 있어서는 교시점의 위치보정(adaptive control)에 의한 용접선의 보정만으로는 양호한 용접결과를 얻을 수 없기 때문에, 용접 조건의 보정도 필요하다. 위빙진폭이나 용접 속도등에 제어방법(그림 3.6)과 검출된 개선폭에 의해 적층법을 바꾸는 방법으로 나누어진다.

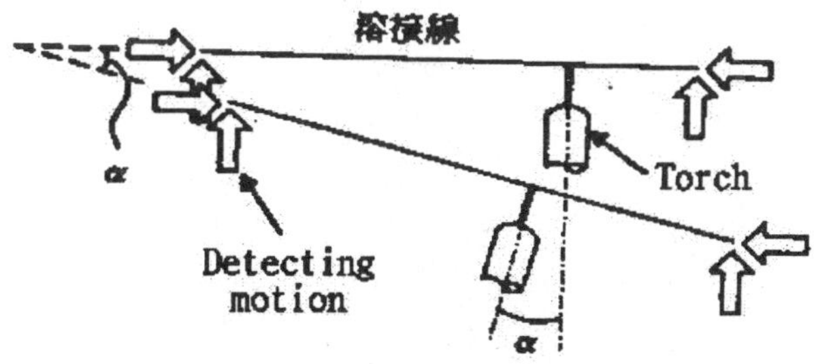

그림 3.2 A typical case of contract sensor

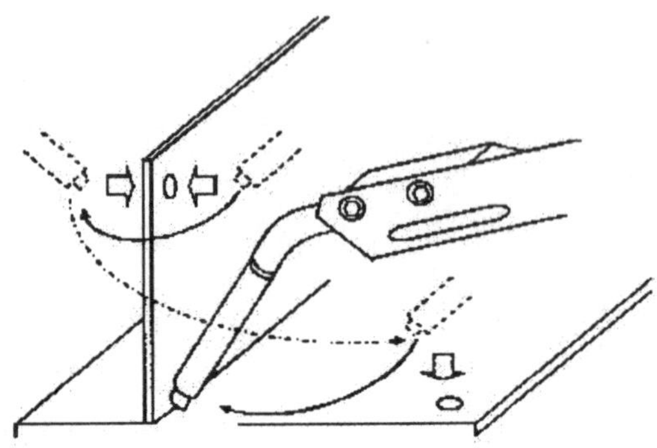

그림 3.3 Correction of seam tracking

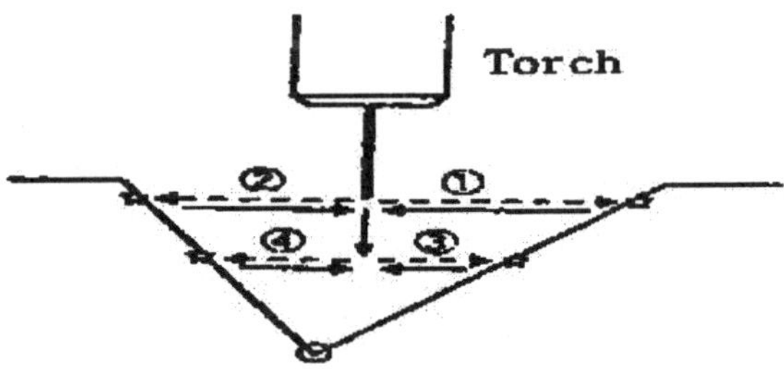

그림 3.4 Detection of correction geometry

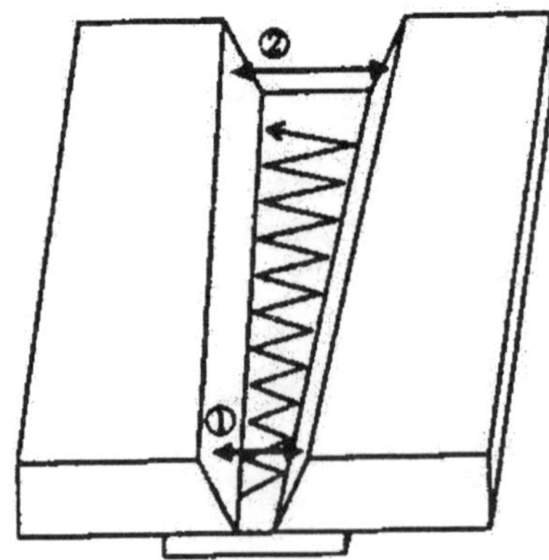

그림 3.5 Detection of correction position

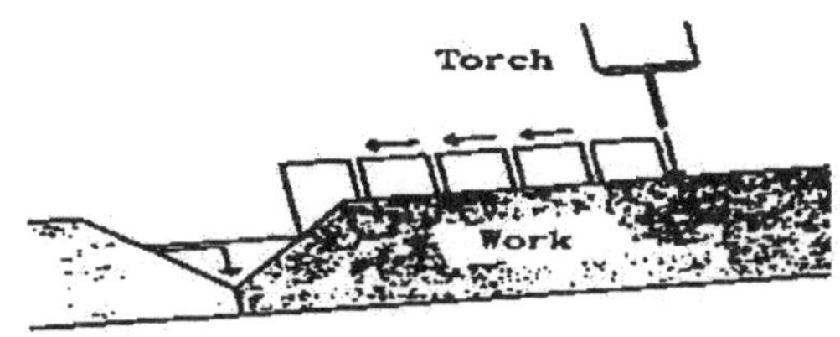

그림 3.6 Control of weaving width

3.2.2 비접촉 센서

3.2.2.1 Through-the-Arc 센서

비접촉 센서로는 아크용접 중에 위빙할 때 공정변수의 변화를 감지하여 제어 하는 센서이다. 필렛용접이나 U,V 형 조인트와 일정 두께이상의 겹치기 이음 용접시 용접선 추적이 가능하며, 용입량 제어가 필요 없고, 부피가 큰 용접물에 최적이지만, 가격이 고가인 관계로 사용에 한계가 있다.

그림 3.7은 용접위치의 전방 인식 센서 시스템을 나타낸다. 이음부의 체적 변화에 잘 적응 할 수 있다 V-홈, 겹치기 이음, 필릿이음, J-홈, 맞대기이음과 모서리이음 등 여러종류 이음의 용접선 위치 검출 및 추적에 적합하다. 하지만 용접건의 주위에 장치가 있기 때문에 접근에 한계가 있다. 그림 3.8은 미세한 전바 이음을 검출하는 예를 나타내며, 용접점 바로 전방에 위치하기 때문에 얇은 용접 두께의 적용과 빠른 용접선 추적이 가능하다.

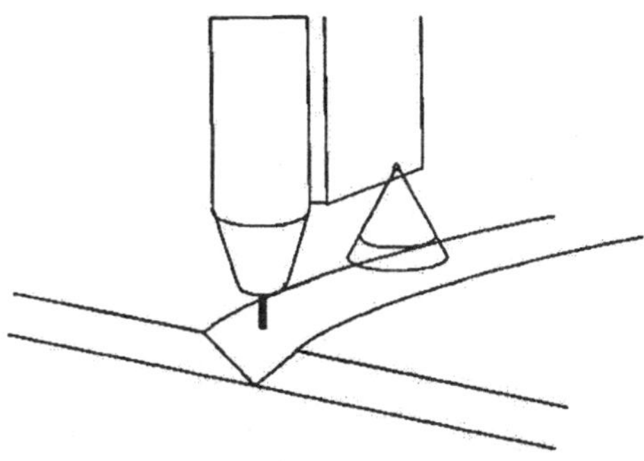

그림 3.7 Sensor for adaptive control used

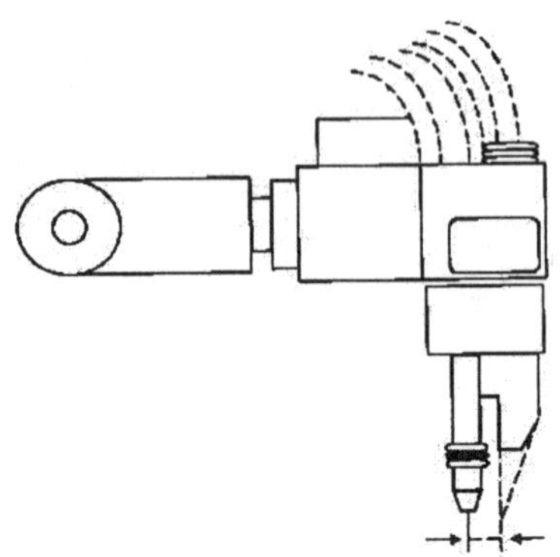

그림 3.8 Optical sensor for forward cognition used

3.2.2.2 비전 센서

용접에 적용되는 비전 센서는 비접촉으로 3차원 측정 및 거리 판정에 주사빔(scannig beam) 방식과 구조화된 빛(structured light)을 이용하는 방식으로 분류하며 그림 3.9~3.10에 나타낸다. 구조화된 빛에는 레이져 점광을 원통형의 구조화된 빛의 패턴을 만드는 경우로 분류한ㄷ. 이렇게 구조화된 빛은 모재표면에 조사되고 이 광평면과 모재표면과의 교차선인 레이선인 레이저는 모재의 단면 형상을 나타내게 된다. 일반적으로 주사빔 방식의 센서는 구조화된 빛의 패턴을 이용한 센서에 비해 노이즈에 강하다는 장점이 있다.

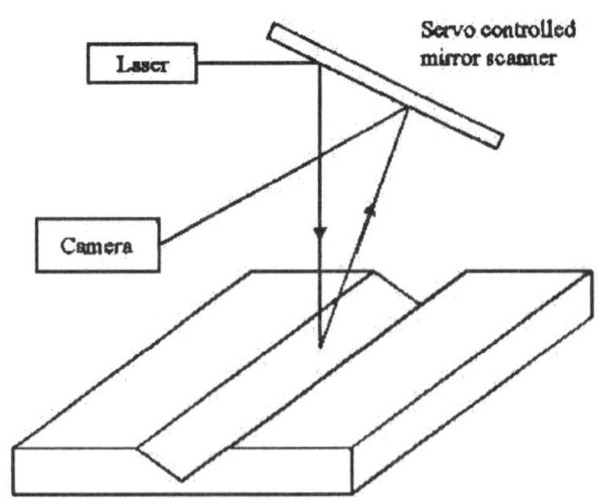

그림 3.9 Principle of scanning beam

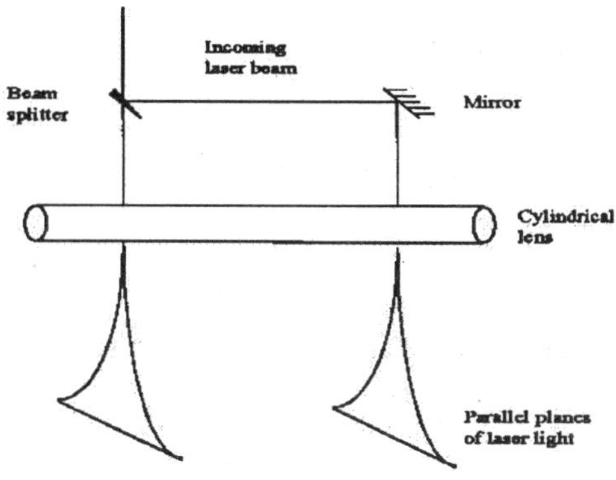

그림 3.10 principle of structured light ranging system projection

용접의 자동화 즉 용접선 추적 및 용접성 품질평가에 사용되는 레이저 비전 시스템 그림 3.11과 같이 비전시스템, 개인용 컴퓨터, 모션 제어기 CO2 용접기, 3축 직교 로봇으로 구성되어 있다.

한편 레이저 비전시스템 제어기는 적정 작동상태로 카메라를 유지시키고, 변화하는 물체 표면상태에 잘 적응하도록 실시간 파워(real time power) 및 감도(sensitivity)를 조절하여 카메라 비디오 신호를 디지털화하여 이미지를 처리한다. 이 제어기는 산업용 컴퓨터, 비전처리 및 레이저 파워와 스캐닝 제어 등을 위한 DSP가 내장된 카메라 제어장치로 구성되어 있다.

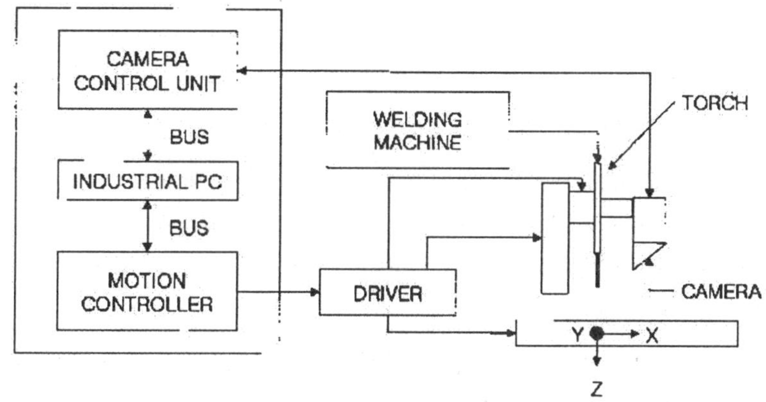

그림 3.11 System configuration of laser vision system

레이저에서 발생한 광선은 렌즈를 통해 빛의 면을 형성하여 측정물체에 투사되고, 빛의 진로와 비스듬하게 위치한 렌즈가 물체표면에서 반사되는 광선을 수광부에 비치게 한다. 수광부는 2D의 CCD로 구성되어 있어서 물체의 단면이 CCD상에 형성된다. 광원으로 레이저 다이오드를 사용하며, 카메라의 렌즈부에는 아크 용접시 발생하는 아크광, 스패터 및 가스 등에 의한 소음을 줄이기 이한 대역 통신과 필터 설치가 필요하며 레이저 카메라는 한 개의 프로파일이 256개의 점으로 이루어져 있고, 초당40개의 프로파일을 얻을 수 있다. 레이저 비전센서는 소음, 스패터, 아크광 등에 강한 장점을 가지고 있으나, 원하는 용접종류, 조인트형상에 적용할 수 있고 사용센서와 모션제어 및 소프트웨어를 상호 연계하여 편리하게 사용하기에는 한계가 있다.

레이저 비전센서는 상용화된 소형 카메라와 다이오드 레이져를 사용하여 레이저 발전기로부터의 평형광을 원통형의 렌즈에 통과 시켜 구조화된 빛의 한 형태인 레이저 슬릿을 만들어 낸다. 레이저 광원과 카메라와의 거리, 레이저 슬릿과 카메라의 주축(principal axis)사이의 각 센서의 효과적 계측깊이(depth of view), 센서의 계측시야(field of view)는 비전센서의 크기와 밀접한 관계가 존재함으로 비전센서의 외형을 최대한 소형으로 제작하여, 레이저광원의 위치를 변경시키지 않고도 기준선의 길이를 변환시킬 수 있도록 두개의 주사거울(scanning mirror)을 사용하기도 한다.

일반거울을 스캐너로 사용할 경우에는 빛 회절의 영향으로 모재의 투사시 선명하고 폭이 좁은 레이저 띠가 중앙의 다소 센 밝기를 갖는 부분과 그 주변의 그보다 약한 밝기를 갖지만 화상처리시 다양한 노이즈 제거를 통하여 두꺼운 레이저 띠를 얻게 한다. 하드웨어로 처리할 수 없는 기타 문제점은 화상 처리시 알고리즘으로 해결하게 된다. 실험용 레이저 비전 센서의 개략도가 그림 3.12에 나타나 있다.

3.2.2.3 원격 초음파 탐상

초음파를 이용하여 용접품질을 용접중에 실시간(real-time)또는 원격으로 측정하기 위한 연구는 많이 시도되었다. 그림 3.13과 같이 lott는 모제의 아랫면을 물에 잠기게 하고 윗면에서 TIG용접을 실시하면서 물속에서 수직종파를 보내어 모재와 용착금속의 경계면에서 반사되는 초음파와 모재의 윗면에서 반사되는 초음파를 수신하여 용입깊이를 측정하였다.

그러나 이 방법은 용입깊이의 변화에 따른 초음파신호의 변화를 잘 규명하였으나 실제 용접상황에 적용하기에는 한계가 많다는 것을 발견하였다. 그리고 Carlson은 그림 3.14와 같이 Piezoelectric소자를 사용한 사각탐촉자를 접촉매질이 채워진 알루

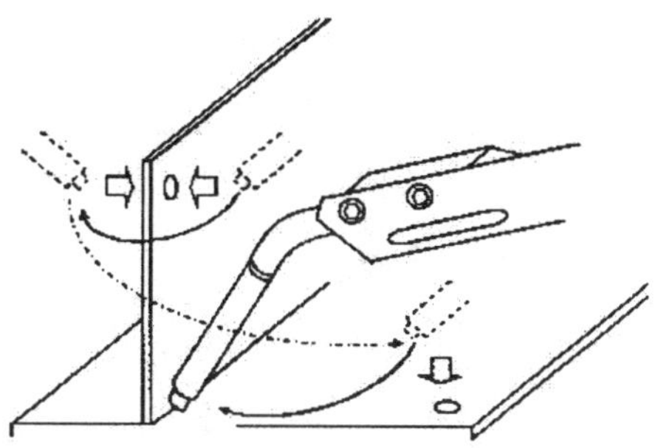

그림 3.12 Schematic diagram of vision sensor

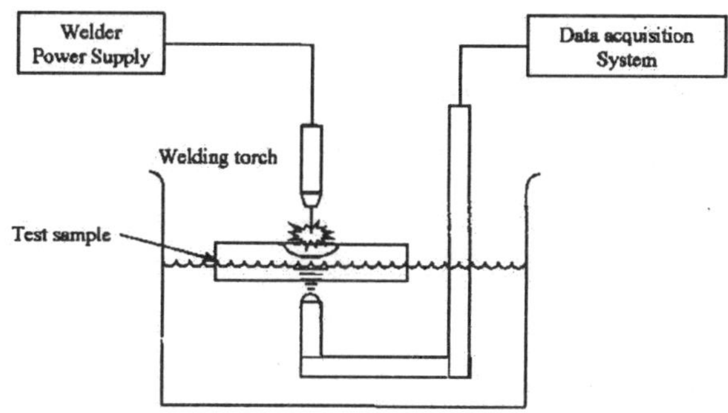

그림 3.13 Schematic diagram and ultrasonic A-scans of experiment

미늄 봉안에 설치하여 탐촉자와 쐐기를 용접열로부터 보호 하였다. 그리고 이 탐촉자를 모재표면에 일정한 압력으로 밀착시켜 용접 토치와 함께 이동하면서 용접부의 기고 및 용착불량 등의 결함을 측정하는 연구를 수행하였다. 이 방법은 비접촉식은 아니지만 공정중에 실시간으로 용접품질을 측정한 최초의 시도였다.

다른방법으로 물과 같은 접촉매질이 채워진 타이어의 내부에 탐촉자를 설치하고 용접 토치의 뒤를 따라 타이어를 굴리면서 용접상태를 측정하는 바퀴형 탐촉자가 연구 되었다.

그러나 이 실험에는 용융부의 고온으로 인하여 토치와 탐촉자간의 거리는 최소 3M가 요구되어 시간 지연이 너무 큰 문제점이 있었다.

Carlson은 그림 3.15와 같이 레이저를 이용하여 비드윗면에서 초음파를 발생시키고 EMAT를 이용하여 비접촉식으로 용융깊이를 측정하는 실험을 수행하였다.

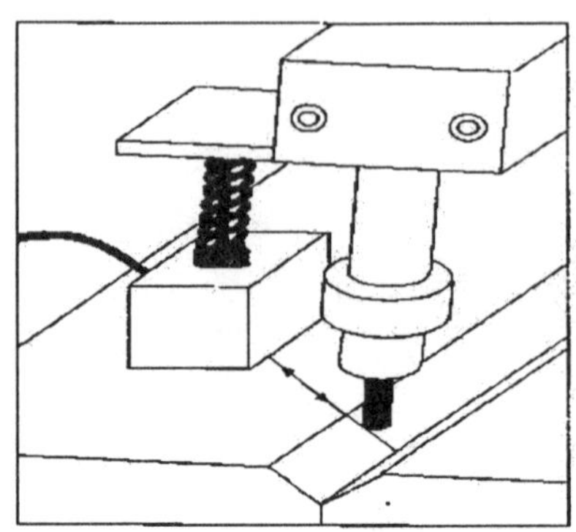

그림 3.14 Transducer aligned with electrode on weldment

그 결과 용융깊이의 변화에 따른 신호변화를 확인하였다. 그러나 이 방법은 접촉매질을 필요로 하지 않은 비접촉식이지만 센서가 용접부의 표면에 가까이 위치해야 하므로 모재 온도에 의한 영향이 크고 표면과의 상대적인 거리에 따라 영향을 받는다. Huber는 레이저에 의한 초음파의 발생과 Laser interferometric detector에 의한 수신으로 원격측정의 가능성을 실험하였다. 그러나 이 방법은 장치의 설치에 공간적인 제한이 매우 적고 신호의 왜곡도 적으나 감도가 낮고 측정면의 표면거칠기에 영향을 많이 받는다. Oursler는 그림 3.16과 같이 레이저와 EMAT를 이용하여 용접부의 결함 측정 방법과 짧은 시간간격으로 발생시킨 여러개의 신호를 중첩시켜 EMAT의 S/N비와 감도를 증가시키는 narrow-band laser excitation 방법을 제안하였다.

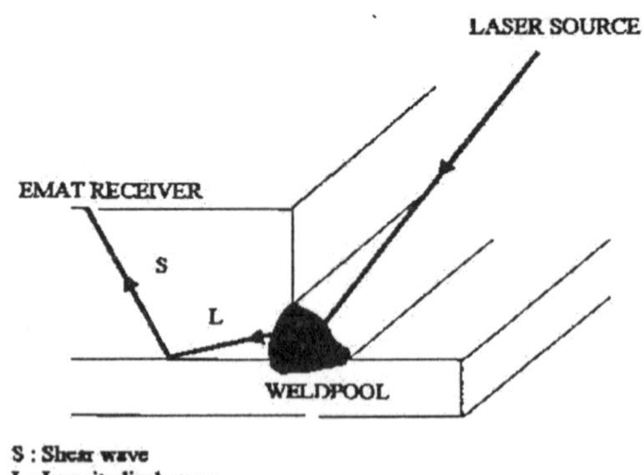

그림 3.15 Schematic of non-contacting sensing of fill level of a fillet weld

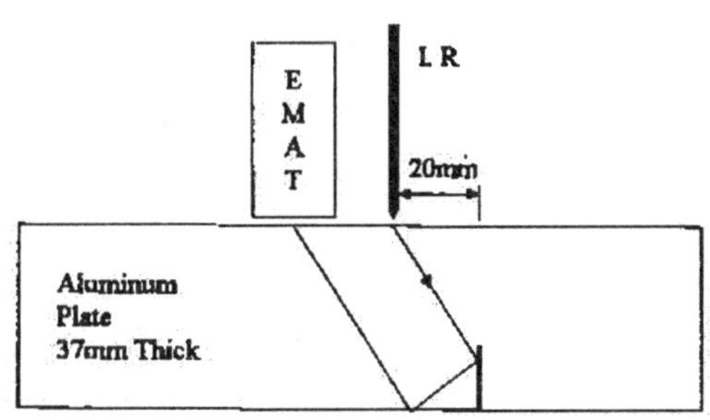

그림 3.16 Multiple pulse excitation in Al plate and laser system use

3.2.2.4 적외선 센서

적외선 센서는 생산장비 및 시설상태 모니터링과 비파괴시험 및 분석 분야에서 광범위하게 이용되었다. 과거에 적외선 카메라는 용접시 용접부 품질과 실시간 전기 저항용접의 접합력을 모니터링 하는데 주로 이용되고 있다. 이 시스템은 용접열 신호를 데이터베이스에 저장한 모델들에 대하여 측정된 자료를 비교. 분석 및 상호 정보교환이 가능하도록 마이크로프로세서(microprocessor)에 통합한 것이다. 또한 용접부의 인장강도에 관계되는 정보(information)들은 온도 분포도 및 온도 분포 지역을 추정하는데 사용하였다. 적외선 센서는 항공기 산업과 석유화학 같은 산업에 용접의 완전한 상태를 평가하는데 이용되었다. 용접 공정에 적외선 센서를 이용한 초기의 연구들은 공정변수와 용접부 포면온도 변화의 관계에 집중되었다. 전면에 위치한 적외선 카메라는 용접공정 중 용융지와 표면 온도 분포를 모니터하는데 사용 되었으며, 공정변수들은 용입깊이의 변화에 따라 변화 하고 이에 대응하는 표면온도분포를 기록하였다. 이것은 비드폭과 적외선 영상 폭사이에 선형적 관계가 존재 한다는 것을 보여주었다. 주가로 용입깊이는 금속 용융지의 중심선에서 측정한 표면 온도 형상의 면적값을 지수적인 관계로 나타냈다. 이러한 연구는 적외선 센서에서 측정된 표면온도는 실시간에 비드폭과 용입깊이를 제어하는데 이용될 수 있다는 것을 명확히 알려준다. 최근의 연구는 용접부 후면의 근적외선에서 발산한 적외선량을 측정함으로 공정변수들에 대해 용입깊이 제어를 가능하게 했다. 하지만 적외선 센서의 가격이 고가인 관계로 현재까지 산업에의 적용에는 한계가 있다.

3.2.2.5 광학식 센서

광학식 센서는 용접선의 위치나 개선의 형상, 수치를 광학정보에 의해 계측, 로봇의 동작경로를 보정하는 방법으로 계측된 상태에 맞춰 용접 조건을 적응제어 한다.

센싱은 용접시공 전에 독립하여 수행해지는 경우와 용접중에 실시간으로 진행하는 경우로 분류된다. 전에 독립하여 수행해지는 경우와 용접중에 실시간으로 진행하는 경우로 분류된다. 전자의 방법은 광학계가 용접부 결점이나 스패터(spatter)의 영향을 받지 않는 장점이 있지만, 검출을 위한 시간이 필요하지만, 용접중의 열 변형에 대한 경로보정이 가능하고, 용융지나 아크상태를 실시간으로 모니터링 할 수 있는 등의 특징이 있다.

그림 3.17은 레이저광을 스릴상에 모재에서의 반사광을 2차원적으로 배열된 CCD 소자에 하는 방법으로 현재로서는 광학식 센서 중에서 가장 일반적으로 이용되고 있는 방법으로 단지 2차원의 화상만을 얻을 수 있어 개선 형상 등의 정보를 얻기 위해서 레이저 광원과 카메라의 상대위치등의 정보에서 3차원 변환하는 것이 필요하다. 레이저광원과 카메라의 상대위치등의 정보에서 3차원 변환하는 것이 필요하다. 레이저 광을 이용한 센서로는 그림 3.18과 같은 방식이 실용화되어 있다. 즉 레이저의 스포트광을 스캔하여, 모재에서의 반사광을 1차 배열된 선형(linear) CCD소자에서 검출하는 방법이다. 이 경우 모재와 카메라와의 거리가 연속적으로 계측이 가능하므로 슬릿광을 이용하는 경우에는 높은 주파수에서 레이저광을 on/off시켜 차이에서 아크광의 영향을 제거 하는 방법도 개발되고 있다.

최근에서 센서에서의 기능향상의 복합적인 상용에 의해 고정밀도로 유연 시스템의 구축을 관한 연구가 이루어지고 있다. 또한 현대 제어이론에 근거하여 퍼지제어, 뉴럴 네트워크, 유전알고리즘 등의 활용이 컴퓨터의 성능의 향상과 함께 향후 로봇의 지능화나 용접 작업의 탈기능화가 조만간 달성될 수 있을 것이다.

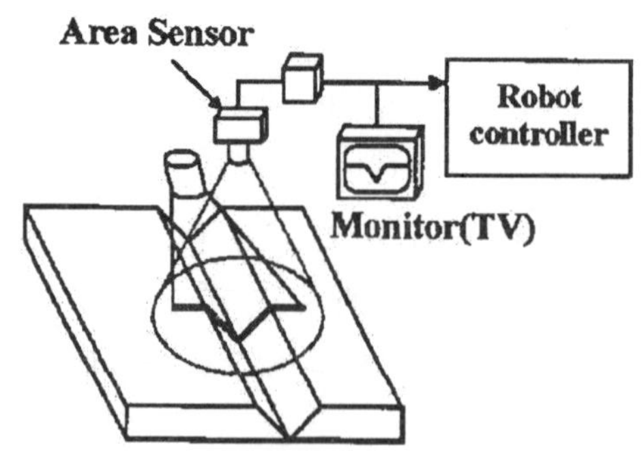

그림 3.17 Vision sensor

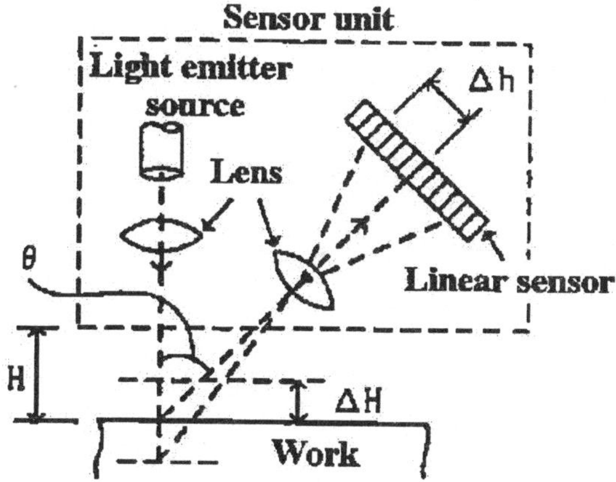

그림 3.18 Sensing using linear sensor

4 아크 용접용 로봇 및 주요기능

4.1 개 요

용접 전문인력 부족으로 기인된 인건비 상승 및 열악한 작업환경은 용접산업 자동화를 요구하게 되었으며 기계의 발달로 다양한 용접기술과 방법들의 개발에 많은 연구가 수행되고 있다. 이러한 용접기술들의 활용방안은 수동용접, 반자동용접, 기계용접(mechanical welding), 완전자동용접으로 분류한다. 또한, 용접은 모재변형의 원인이 되며 이러한 변형을 보상할 수 있는지의 여부에 따라 폐쇄회로 시스템과 개방회로 시스템으로 구분된다. 수동용접, 반자동용접, 기계용접과 센서를 갖는 와전자동용접은 폐쇄회로 시스템으로서 변형을 보상할 수 있으나, 센서를 갖추지 않은 완전 자동시스템은 보상 기능이 없으므로 오차보정방안(모재 정렬, 견고한 고정장치)이 요구된다.

아크용접의 로봇화에는 대부분 GMA용접, GTA(Gas Tungsten Arc)용접에 이용되고 있으며, 시스템은 일반적으로 로봇, 컨트롤러, 아크발생기구, 용접물 포지셔너, 적응제어를 위한 센서, 로봇 이동장치, 작업자를 위한 안전장치, 용접물 고정장치 등으로 구성된다.

아크용접 로봇은 다음과 같은 요건이 필요하다.

1) 자유로운 토치각(전진각, 후퇴각, 목표각)이 용이하게 되어야 한다. 여기서 전진각과 후퇴각은 토치의 움직이는 방향과 토치와의 경사각이다.
2) Teaching작업(용접선의 좌표설정작업)이 간단하고 용이해야 하며 teaching점(좌표점)이 가능한 한 적게 되어야 한다.
3) 용접조건의 설정이 간단하고 가능한 한 자동화가 되어야 한다.
4) 용접속도와 용접wire(용가재)의 공급속도 관계가 설정되어야 한다.
5) 위빙(waving)기능이 있어야 한다.
6) 연속적인 로봇의 동작과 용접작업이 유기적으로 일치되어야 한다.
7) 반복 작업에 있어서 위치 재현 정밀도가 높아야 한다.
8) Teaching내용의 수정, 추가, 삭제가 용이하게 이루어져야 한다.
9) 용접 중에도 용접조건의 변경이 가능해야 한다.

10) 자기진단 기능이 있어야 한다.
11) 외부로부터의 제어가 가능해야 한다.

4.2 아크용접 로봇장치

로봇은 여러 가지 작업을 수행하기 위하여 자재, 부품, 공구, 특수장치 등을 프로그램으로 구현되어 움직이도록 설계되어 있다. 또한, 재프로그램(re-programming)이 가능한 다기능 매니퓰레이터 개발은 인건비의 절감, 정밀도와 생산성 향상, 전용기계에 비해 우수한 유연성, 인간의 작업환경 개선 등을 이루어지게 하였다. 아크용접에서 로봇은 프로그램된 위치에 용접토치를 이동시켜 용접을 실행하는 역할을 한다. 일련의 절점(point)이나 링크(link)로 구성된 로봇은 기어, 체인, 나사로 연결되어 있으며, 구성체는 공압이나 유압의 선형 액츄에이터 및 회전형 모터에 의해 구동된다. 아크용접을 위한 로봇은 모든 위치에서 항상 정확하게 이동되어야 하는 관계로 모두 전기 구동장치를 이용하고 있으며, 특히 위치제어를 위한 절대적 인코더(encoder)를 구비한 AC서보 모터와 브러시가 없는 DC모터가 많이 사용되고 있다. 모터로 구성된 동력은 기어, 체인, 벨트, 케이블, 웜 스크루 등에 의해 변속되어 로봇 각 관절에 전달된다. EH한 용접토치를 용접선 형상에 알맞은 자세를 취할 수 있는 능력인 작업 능숙성과 용접물의 형태 및 크기의 변화에 대한 빠른 적응 능력인 유연성이 요구된다. 하지만, 수직 다관절형 로봇은 모든 관절이 회전운동을 함으로 제어가 어렵고 작업공간이 복잡한 형상을 가진다는 단점도 있지만, 작업 능숙성(dexterity)과 유연성(flexibility)이 뛰어난 특징을 가지고 있다. 그림 4.1은 수직다관절 6축 로봇의 회전축들을 나타낸다. 용접 토치와 건은 로봇의 손목에 부착되며, 로봇 손목은 2축 및 3축의 회전 운동능력을 가지며 3축의 경우 일반적으로 사람의 손목과 비슷한 요(yaw), 꼬임(tilt), 롤(roll), 비틀림(twist), 피치(pitch), 구부림(bend)등의 운동을 한다. 로봇의 하부 3축은 사람이 용접을 하는 것과 같은 동작으로 토치가 용접을 할 수 있도록 구성되어 있다. 이 때 모든 용접자세에 알맞도록 작업각도(work angle)와 이송각도(travel angle)는 토치 방위와 토치 거리를 고려한 위치에서 용접을 실행하여야 한다. 용접작업에 로봇을 이용할 때 생산성 측면에서 고려되어야 할 사항으로는 MTBF(Mean Time Between Failure), 오차 빈도수, 평균 수리시간, 로봇 교체시간, 로봇을 선택할 때는 작업 공간, 로봇 중심축에서 토치의 팁까지의 거리인 팁 도달거리(reach), 토치 운동을 위한 자유도의 수, 이동속도, 반복정밀도, 이동정밀도, 분해능(resolution) 등이다.

컨트롤러(controller)는 용접로봇 시스템에서 두뇌(brain)에 해당하며, 빠른 계산을 수행하도록 고속의 마이크로프로세서를 장착하고 있다. 프로그램 되어 있거나 각종 센서에 의해 측정된 위치, 속도, 기타 여러 변수를 계산하여 로봇구동 장치인 모터나 액츄에이터를 구동한다. 컨트롤러는 크게 개방회로제어와 폐쇄회로제어로 분류한다. 개방회로 제어는 미리 정해진 기계적 멈춤장치에 의하여 움직이며 주로 자재운반에 많이 이용된다. 하지만, 아크용접에서는 로봇이 용접물의 고정 오차나 용접 중 열변형에 의한 오차를 보정하면서 용접이 이루어져야 하는 관계로 폐쇄회로에 의한 제어는 필수적이다. 폐쇄회로 제어 컨트롤러는 단순히 로봇만을 구동하는 것과 포지셔너와 같은 부수 장비의 컨트롤러를 따로 두지 않고 로봇 컨트롤러로 통합한 것으로 분류되며, 복잡한 형상을 용접할 때에는 컨트롤러의 동시제어가 요구된다.

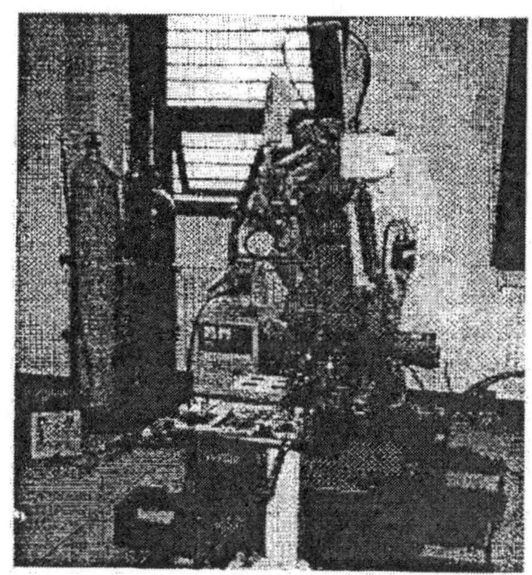

그림 4.1 The 6-axis anthropomorphic coordinate robot

용접장치는 아크를 발생하여 용접을 수행하도록 전력을 전달하는 것으로 아크전압 안정화가 매우 중요하므로 센서에 의해 전류의 양을 검출하여 컨트롤러에 들어가서 와이어 송급기에 전원을 준다. 와이어 송급기는 정도에 따라 송급속도를 조절하며, 신뢰성을 부여하기 위해 4개의 바퀴구동을 하고 이를 감지하는 센서를 구비하고 있다. 용접 건은 충돌을 고려하여 스프링이나 기타 충격 흡수장치가 요구된다.

포지셔너(positioner)는 용접물을 고정하여 용접토치 능숙성과 작업영역 확대를 부여하여 주는 장치로 최적의 용접자세를 유지시키고, 로봇 손목에 의해 제어되는 이송각도의 일종인 토치 팁의 리드각(lead angle)과 래그각(lag angle) 변화, 용접토치가 접근하기 어려운 위치를 용접이 가능하도록 접근성(accessibility)이 부여되는 장치이다. 구동시스템은 인덱스 모델과 기어구동 모델로 분류한다. 인덱스 포지셔너는 저가형 컨트롤러에 공압 액츄에이터나 AC 일정 속도 모터를 이용하여 최종 위치의 신호만 컨트롤러에 출력하며, 기어구동 포지셔너는 매우 복잡하나 속도의 역전이 우수하고 가변제어에 잘 적응하며 이동속도 변화가 가능하다. 축의 구동은 서보모터, 웜기어를 이용한 감속기 형태이며, 위치제어는 리졸버(resolver)를 이용한다. 포지셔너의 구분은 작업대의 유무와 자유도에 의해 그림 4.2와 같이 구분된다. 포지셔너 사양 선택은 제어방식, 작업 환경, 요구정도, 자유도 및 축의 형태, 반복 및 위치 정밀도 등을 고려하여 선정하여야 한다.

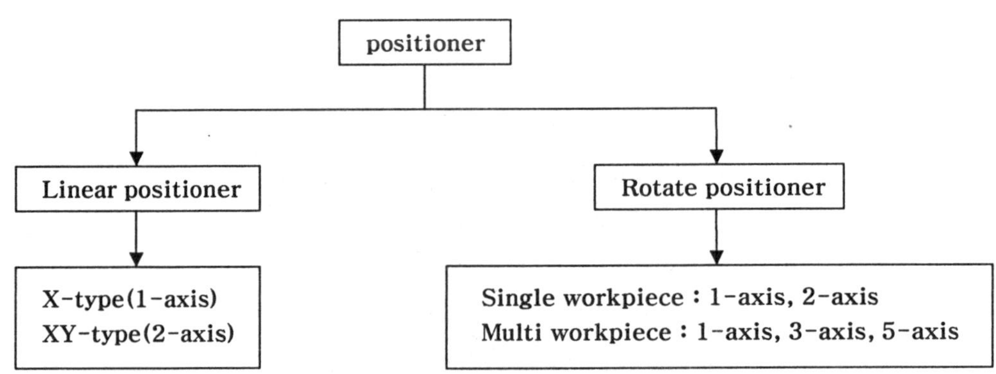

그림 4.2 Classification for positioner

마지막으로, 센서는 각종 외부정보를 인식하여 컨트롤러에 전달하는 장치로 용접시 고열에 의한 변형의 발생으로 용접선 추적에 필요하며 센서에 의한 폐쇄회로 제어방식이 필수적이고, 용접물과 자동화 장비의 오차에 의해 발생되는 작업여유도 고려하여야 한다.

4.3 아크용접 로봇의 주요 기능

4.3.1 아크 용접 로봇의 기능

4.3.1.1 동위유지(同位維持) 제어기능

그림 4.3에서 보는 바와 같이 로봇의 본체운동을 임의 로 변환시킬 때 용접점 즉 토치의 선단점 위치를 항상 지점된 상태로 유지시키는 기능이다.

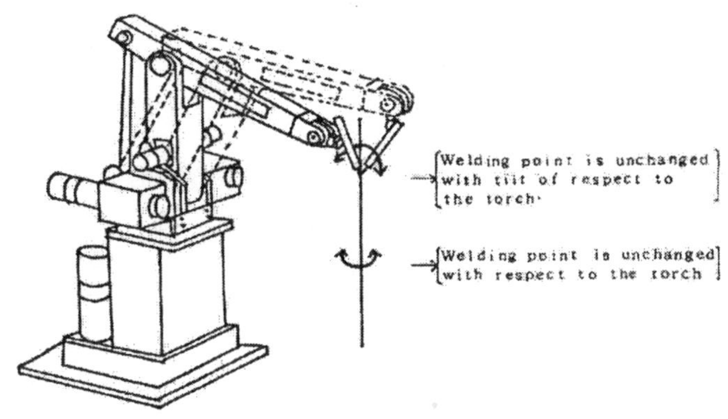

그림 4.3. Control for same position maintenance

4.3.1.2 좌표변환기능

그림 4.4는 다관절(5축제어) 로봇의 축회전 동작을 도시한 것으로서 그 운동을 프로그래밍(programming)하는 경우 용접점을 **X, Y, Z** 좌표로 설정하는 것이 편리하다. 이때 축의 회전 운동을(**X, Y, Z**)좌표계로 좌표 변환시켜야 하며 이를 위해서 용접로봇은 자동좌표 변환기능을 가지고 있어야 한다. 따라서 위치 재생 또는 teaching 할 경우 각 축의 회전운동이 토치의 선단을 **X, Y, Z**축 방향의 직선으로 동작시키기 때문에 프로그래밍이 아주 용이하게 된다.

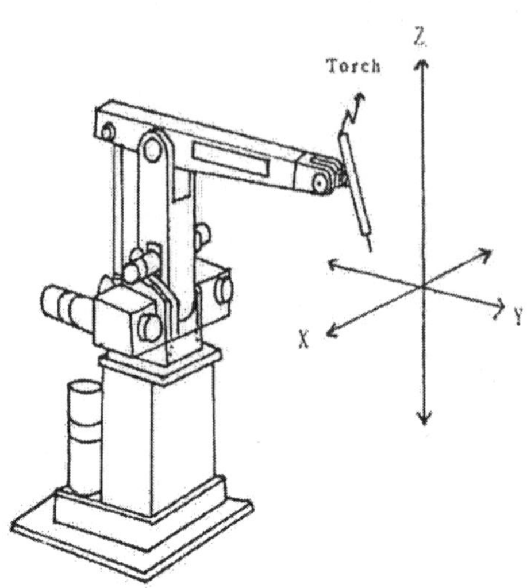

그림 4.4 Function of X, Y, Z direction motion for 5-axes arc welding robot

4.3.1.3 위빙 기능

아크용접에서는 용접폭이 넓은 경우 시간과 에너지를 절약하기 위해 위빙 형태로 용접한다. 이때 위빙은 토치를 지그재그로 운동시켜 용접하는 작업을 말한다. 로봇에 의한 아크 용접시에도 이와 같은 위빙기능을 부여해야 하는데, 용접부에 간격이 있는 경우에는, 그림 4.5.(c)의 델타 위빙이 널리 사용되고 있다. (a)의 sine형과 (b)의 나선형의 위빙은 그 주파수와 진폭을 직접 키보드에서 지정해주며 주파수는 0~3.1Hz, 진폭은 0~31mm 까지 지정할 수 있다. 또 (c)의 델타형 위빙의 경우에는 일반용접점의 좌표설정과 같은 방법으로 수행한다. 즉 삼각형의 3개 꼭지점을 좌표설정하여 용접을 연속 수행시킨다.

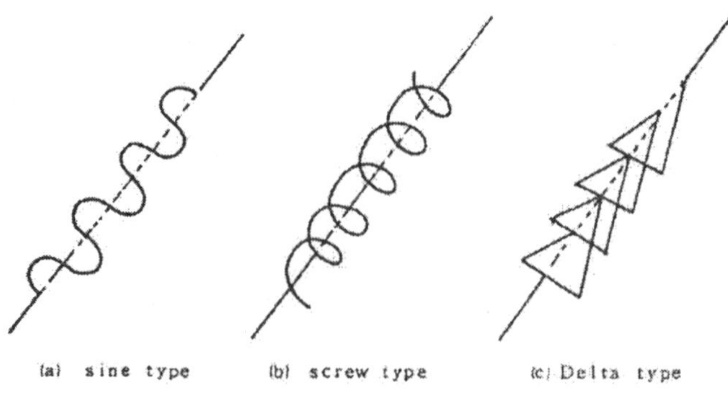

그림 4.5 Types of waving

4.3.1.4 점프 기능

같은 용접선이 연속되지 않고 떨어져 있을 때, 용접작업을 계속해야 수행하게 하는 기능을 말한다.

그림 4.6과 같이 브래킷트(Bracket) A, B를 용접할 경우에 A면의 2~3을 용접하고 B의 5~6을 용접할 때 4에서 5로 토치를 이동만 시키고 2~3의 같은 작업을 반복시키기만 하면 된다. B면 외에 C, D면이 존재할 경우 위와 같은 점프기능을 사용하면 프로그램이 용이하고 적은 기억용량을 활용할 수 있다.

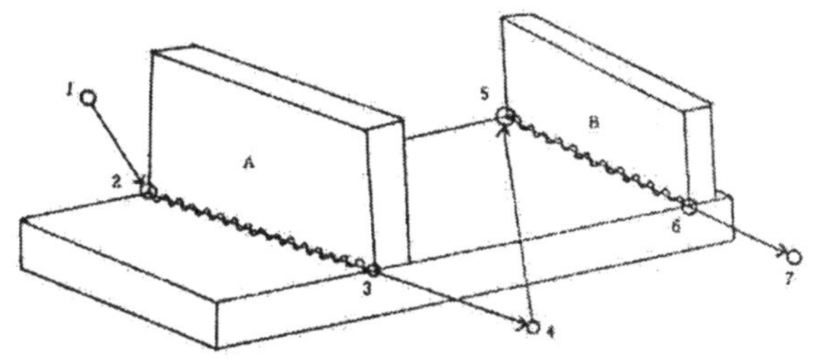

그림 4.6 Jump function

4.3.1.5 Teaching점의 즉시변경기능(수정, 추가, 삭제)

용접점의 좌표값 입력시 점 1, 2, 3을 기억시키고 점 4를 잘못 기억시켰을 경우 그림 4.7의 (a)와 같이 4'로 이동시켜 거기서 삭제단추와 추가단추를 누르는 조작을 하게 되면 스텝 4의 위치를 4' 위치로 즉시 수정할 수 있다.

이러한 즉시기능이 없으면 프로그램 끝까지 입력시킨 후 스텝 4를 재생시켜 수정하지 않으면 안된다. 착오점의 수가 증가할수록 프로그래밍 시간이 길게 되며 복잡하게 된다.

그림 4.7(b)와 같이 점 1, 2, 3, 4로 용접되는 프로그램을 작성한 후에도 다른 점 3을 추가하는 방법을 나타내며, 점 2와 3사이에 다른 점 3을 추가하면 기준점 3, 4는 각각 점 4, 5로 번호가 자동 변경된다. 그림 4.7(c)는 삭제의 예를 표시한 것이다. 스텝 3을 삭제하면 처음 스텝 4가 3을 수정이 되고 점 1, 2, 3의 세 점으로 되는 프로그램이 된다. 즉 점 2에 점프 4가 기록 되어 있다면 점프 3이 자동적으로 삭제된다.

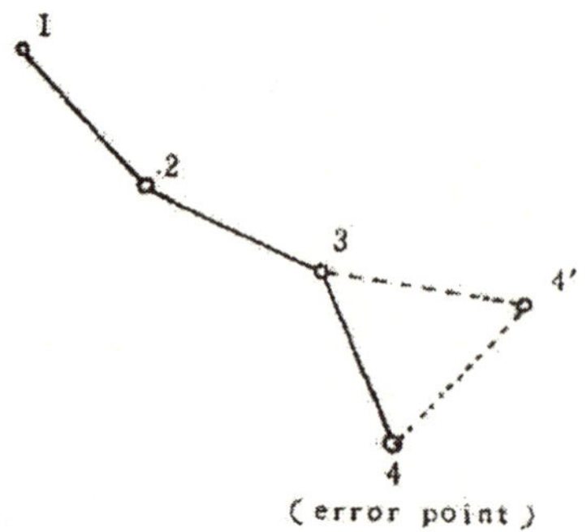

(a) Revision of welding point

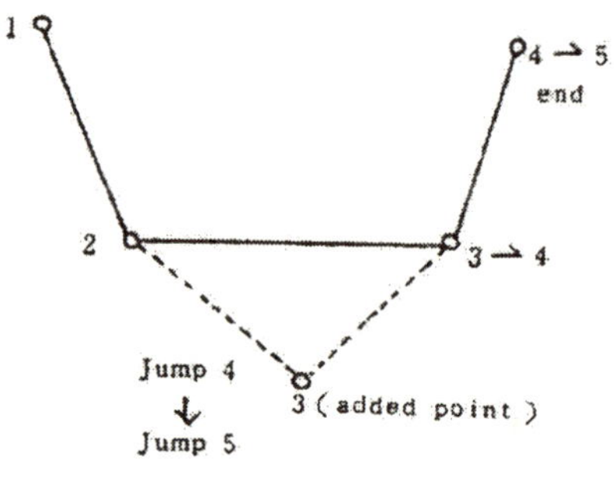

(b) Addition of welding point

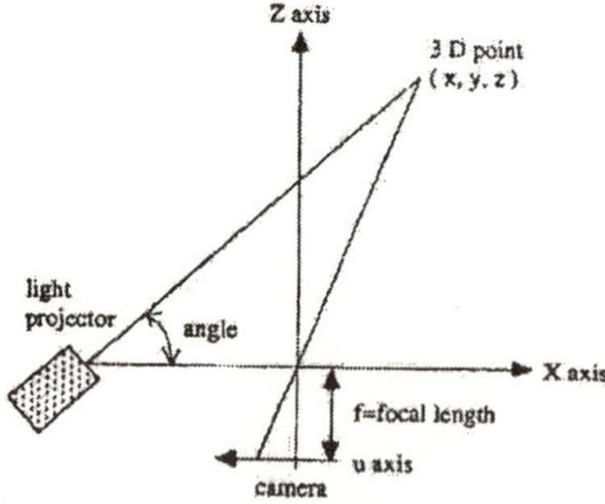

(c) Elimination of welding point

그림 4.7 Immediate edition function of taught points

4.3.2 로봇의 프로그래밍

로봇에게 작업명령을 지시하기 위한 컴퓨터 프로그래밍은 다음과 같이 분류한다.

4.3.2.1 티치 펜던트(teach pendant)에의 프로그래밍

동작의 티치, 프로그램의 편집 등을 전용의 티칭장비를 이용하여 작업자가 직접 입력을 행하는 것으로서 TCP(Tool Center Point)에 의해 티칭을 하고 디스플레이를 준비하며 메뉴 가이드 방식을 채용하는 방법으로, 프로그래밍이 쉽고, 독립적으로 입력하고, 사용면에서는 편하다는 장점이 있지만, 응용이나 확장성이 없는 것이 단점이다.

4.3.2.2 작업자에 의한 직접 티칭 방법

충분히 숙련된 작업자가 수동으로 토치를 이동하여 티칭하는 방법으로 초기의 용접 로봇에 주로 사용하였다.

4.3.2.3 로봇언어에 의한 프로그래밍

일반의 컴퓨터와 같은 CRT, 키보드를 이용해 각각 고유의 로봇언어로 프로그래밍을 행하는 방법으로 명령레벨, 동작레벨, 작업레벨로 분류되나 실용화되는 것은 동작레벨이 대부분이다. 작업레벨은 작업의 최종목표만을 표시하고 그것을 달성하기 위한 동작순서와 데이터를 자동적으로 생성시키는 것으로 고도의 문제해결이 가능이 필요하고 인공지능 로봇의 전 단계이다.

4.3.2.4 시뮬레이터에 의한 프로그래밍

도형 데이터를 기초로 프로그래밍을 행하는 것으로서 오프라인 프로그래밍이라고도 불린다.

4.3.3 용접 데이터

용접 공정변수(process parameter)는 크게 시작 데이터, 주 데이터, 종료 데이터, 위빙으로 구분된다. 시작 데이터(start data)는 다음과 같다.

· 점화 전압(ignition voltage) : 점화를 위한 전압의 크기
· 점화 전류(ignition current) : 점화를 위한 전류의 크기
· 용접 전 가스배출 시간(gas pre-flow time) : 보호가스 분사로부터 점화 전원 시작까지의 시간
· 핫 스타트 전압(hot start voltage) : 초기아크를 안정하게 가해주는 전류
· 아크 발생변위(restrike amplitude) : 아크를 발생시키기 위해 용접토치의 팁에서 모재(base metal)사이의 거리 CTWD(Contact Tube Work Distance)요구되며, 그 CTWD의 크기를 지칭한 것
· 아크 발생시간(restrike cross time) : 아크발생을 위한 일정한 CTWD를 유지하는 시간
· 아크용접 최대 시작시간(arc welding start maximum time) : 시작 데이터에 의한 아크발생이 최대 시작시간 안에 일어나지 않으면 로봇은 아크 용접을 중단

생산성을 향상하기 위해서는 최대한 용접속도를 빠르게 하는 것이 중요하므로, 시스템을 처음 설치할 때 계속적인 시험에 의해서 안정된 용접 상태를 유지할 수 있도록 가장 빠른 용접속도를 선택하는 시스템이 요구된다.

한편, 종료 데이터는 용접 종료시 크레이터 균열과 같은 용접불량의 원인들이 발생하지 않도록 하는 최적의 용접조건들을 의미하며 다음과 같다.

· 종료 전압(end voltage)
· 종료 전류(end current)
· 용접 후 가스 배출시간(gas post-flow time)
· 번백 시간(burn-back time)
· 냉각시간(cool time)
· 용입 보충 시간(filling time) : 크레이터를 없애기 위한 용입 보충 시간

위빙 데이터는 용입량이 많이 요구되는 후판용접시 반복용접을 실행하는 관계로 많은 시간을 필요로 함으로, 초층 용접부터 마지막층 용접까지의 용접조건을 말한다. 이를 한 차례의 용접으로 용입량을 충분히 하기 위해서 사용되는 것이 위빙이다. 위빙의 패턴은 삼각형 형태(triangular weaving), V형, 지그재그형 등을 그림 4.8(a)~(c)에 나타내었다.

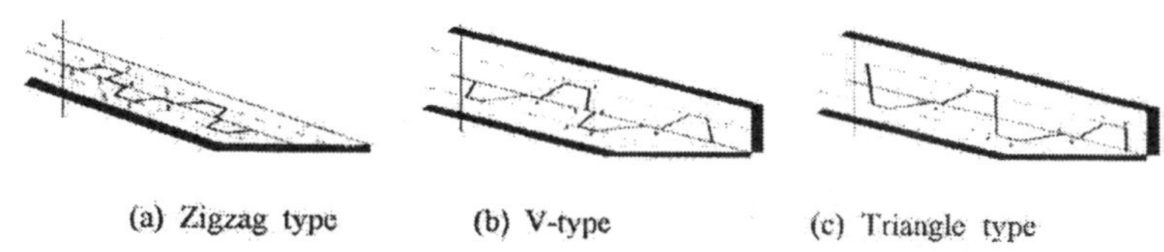

그림 4.8 Classification for weaving types

4.4 좌표계와 보간기능

4.4.1 좌표계

용접공정 자동화에 이용된 로봇의 작업 좌표계는 다음과 같이 분류된다.

- 월드 좌표계(world coordinate)
- 기저 좌표계(base coordinate)
- 메케니컬 인터페이스 좌표계(mechanical interface coordinate)
- 공구 좌표계(tool coordinate)
- 목표 좌표계(goal coordinate)

그림 4.9는 각 좌표계를 나타내는 것으로 월드좌표계는 전체좌표계의 기본이 되는 좌표계로 로봇이나 고정장치 등을 여러대 설치한 작업공간에서 각 장치에 배치관계를 정의하는 좌표계이다.

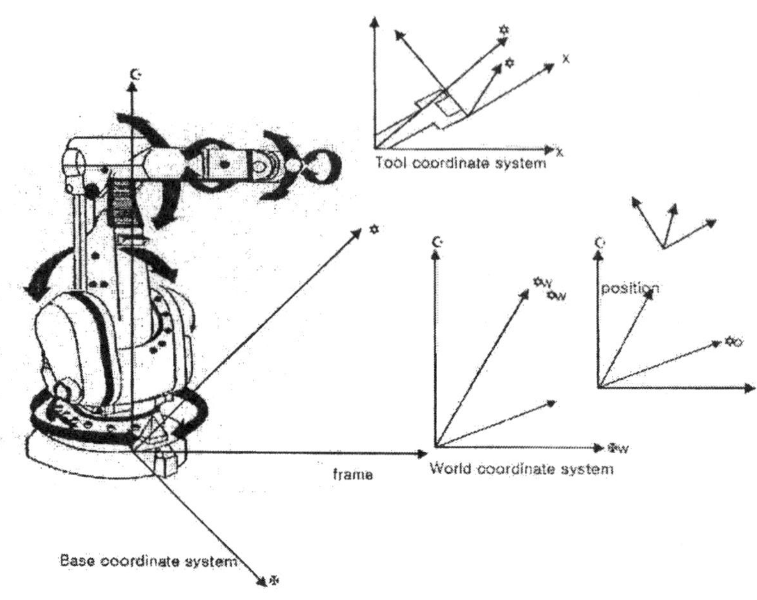

그림 4.9. Coordinate system employed robot

기저좌표계는 로봇좌표계라 불리며, 로봇에 고정된 기저를 기준으로 한 좌표계이며, 로봇의 동작에 관한 보간 연산의 기준좌표계이다. 메커니컬 인터페이스 좌표계는 로봇의 선단에 툴을 부착하기 위해 표면을 기준으로 하는 좌표계이며, 공구좌표계는 용접토치의 선단 작업점을 원점으로한 좌표계로써 TCP(Tool Center Point), TCL(Tool Center Line)을 정의한다. 좌표축 설정은 로봇의 종류마다 다르게 정의되며, 로봇의 활용도 향상을 위해 공구를 수시로 바꾸어야 하므로, 다수의 TCP와 TCL을 입력하여 활용하는 기능이 요구된다. 목표 좌표계는 가공물상의 용접점 좌표계로서 용접특성에 따라 좋은 품질을 보장하는 용접자세가 되도록 정의되어야 한다.

위와 같이 로봇 작업환경 내에서 동작에 연관된 각 요소마다의 좌표계를 정의하고 각각 좌표 변환행렬로 변환하여 좌표계의 개념을 티칭작업의 수치화에 그치지 않고 시각인식, 장애물 회피, 작업동작 계획, 적응 제어 및 고도의 정보처리 등 지능형 로봇화의 기본요소로 활용한다. 기저 좌표계에서 공구좌표계의 좌표 변환값을 로봇 각 관절에 의해 구해지는 것을 순변환이라고 하고 이를 다루는 이론을 순기구학(forward kinematics)이라 한다. 반대로 기저좌표계에 대한 공구좌표계의 좌표변환값을 역으로 계산하여 각 관절의 회전값을 구하는 것을 역변환이라 하며 이를 역기구학(inverse kinematics)이라 한다.

4.4.2 보간(Interpolation) 제어 기능

로봇 시스템은 궤적을 제어하기 위해 위치, 방위, 힘, 토크, 속도 및 가속도 등을 고려하여 다양한 방법을 사용하고 있다.

4.4.2.1 점 대 점(point to point) 보간법

가장 간단하고 빠른 로봇의 운동형태로 로봇은 용접토치가 중간경로에 관계없이 초기의 좌표변환에서 마지막 점의 좌표변환으로 가도록 명령된다. 이러한 운동형태는 작업장에 방해물이 없을 때의 물체 이송작업에 적합하며, 원거리 조종장치를 이용하여 운동의 몇 점을 차례로 인식시키고 티칭과 재현 모드(teach and playback mode)를 쓸 때 보편적으로 사용된다. 이 방법에서 관절들의 움직임은 각 관절이 동시에 최종위치에 도달하도록 되어 있지만, 서로 조정되지는 않는다. 의도하는 운동은 관절각의 집합으로 기억되고, 로봇은 이 관절 공간 내에서 제어되며, 오프라인 프로그래밍에서는 주어진 공구의 초기 및 최종 위치와 방향으로부터 원하는 관절변수의 초기 및 최종값을 역기구학으로부터 계산한다.

4.4.2.2 포물선과 혼합된 선형 세그먼트

직선보간 및 원호보간 관절공간에서 적당한 궤적을 찾는 LSPB 궤적은 속도가 초기에 특정값으로 "선형상승"되고, 목표지점까지 "선형하강"되는 것이다.

4.4.2.3 최소시간 궤적

최종시간을 명시하지 않은 상태에서 주어진 등가속도로 초기위치와 최종위치사이의 가장 빠른 궤적을 찾는(즉, 이동시간을 최소로 하는)것이다. 최적의 궤적이 최대가속과 감속에서 구해지므로 뱅뱅(bang-bang)궤적이라고도 한다.

4.4.2.4 오버슈트(overshoot)를 고려한 경유점에서의 보간

그림 4.10에 나타난 것과 같이 로봇이 경유점을 지나 방위를 변경하려할 때 서보제어 시스템은 프로그램된 위치사이에 로봇 TCP를 직선에 가깝도록 유지시키면서, 오버슈트 없이 로봇동력, 중력 ale 관성 모멘트 변경을 상쇄시키는 과정이다. 직교좌표계에서 경로를 찾아가는 것은 각각의 축을 프로그램 하는데 적합하도록 계속적으로 속도제어를 행한다. TCP에 있어서 방향의 변화는 로봇의 움직임이 주 프로세서에서 자동적으로 포물선을 그리도록 되어 있다. 보조 프로세서는 기준이 되는 신호

를 받아 프로그램된 위치로부터 적은 변동오차로 포물선을 그릴 수 있게 한다. 로봇 컨트롤러는 사용자가 이러한 오차거리를 입력할 수 있도록 하여야 하며, 만약 TCP의 속도가 포물선을 그리기에는 너무 높으면 입력되는 속도는 적합한 속도로 다시 바뀌어진다. 매끄러운 곡선을 얻기 위해서는 이러한 오차 거리한에서 적당한 감속이 이루어져야 한다.

4.4.2.5 위빙 보간

아크용접 작업 중에서 두꺼운 가공물의 용접에서는 필수적인 기능으로써 위빙형태를 연산 생성하고 각 시점의 좌표치를 직선 또는 원호의 진행 방향을 좌표 변환값으로 계산하여야 한다.

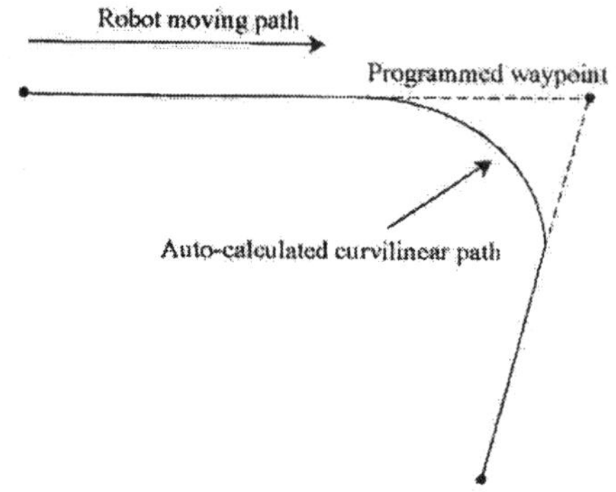

그림 4.10 Interpolation to go by way of considering overshot

4.4.2.6 궤적 보정 연산

센서로 검출된 수정량에 대응하여 위치, 자세 및 속도 보정을 첨가해 새로운 궤적을 구한다.

4.5 용접 전원 system 및 제어기술

그림 4.11에서 보여주고 있는 바와 같이 로봇 제어기는 main, motion, teach, pendant, servo, 용접 파트 등으로 나누어진다. 여기서 main에서는 주로 trajectory계획, user interface, 프로그램 Compile, editor 등의 작업을 하게 된다.

그리고 motion 파트에서는 main 파트에서 정해진 시간(sample time)동안 이동하여야 할 거리를 보내 주면 이를 다시 1㎳마다 이동할 거리를 보간 한 후에 servo 파트로 보내게 된다. servo 파트에서는 다시 이를 이용하여 매 sampling 시간마다 필요한 전류를 생성한 후 이를 이용하여 각축에 연결된 모터를 제어하게 되는데, 이렇게 해서 사용자가 원하는 로봇 동작이 행하여진다.

최근에는 고속 CPU의 등장으로 인하여, 한대의 로봇 제어기로 다수의 로봇body를 운전 가능하도록 제어기를 개발하고 있는데, 이러한 경우에는 다수의 motion 파트와 servo 파트가 시스템 내에 존재한다.

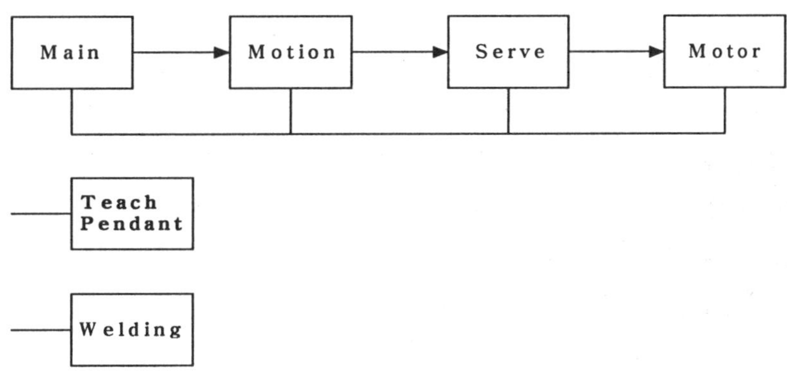

그림 4.11. Structure of controller for robot

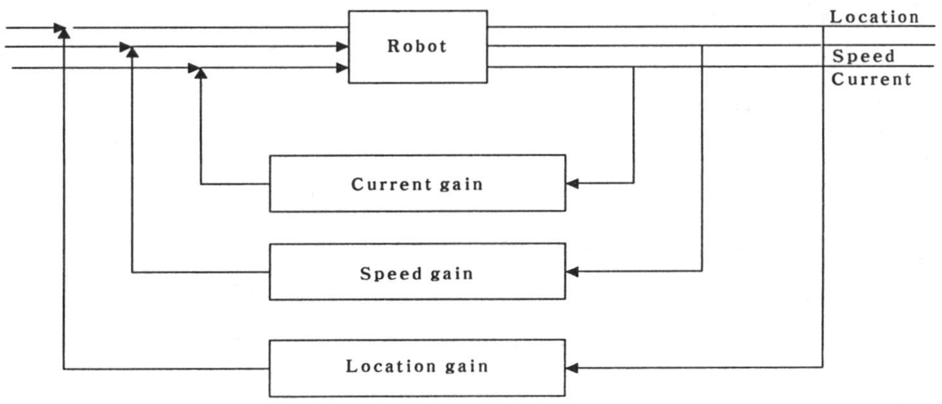

그림 4.12 Motion control loop of robot

로봇 동작 제어를 위하여 그림 4.12에서 보여주는 바와 같이 3개의 제어 루프가 동작하게 되는데 이는 각각 PID(Proportional Integral Difference) 제어를 하는 것으로 위치, 속도, 전류라고 부른다. 각각의 루프의 응답성을 좋게 하기 위하여, PID 게인 값(gain value)을 조정하여 제어를 하게 된다.

Teach pendant는 main 파트와 RS422 직렬 통신으로 연결되어 있는데 사용자와 제어기간에 interface 역할을 한다. 즉, 로봇 프로그램 작성, 로봇 운전, 로봇 위치표시, 오차(error)표시, 진단(diagnosis)기능 등을 담당한다. 용접파트는 주로 용접기 파워와 제어기 간의 interface를 담당하는 역할을 한다. 즉, main 파트의 지령에 따라서 용접전류, 아크전압 등을 용접기로 보내고 각종 용접에 필요한 디지털 입출력 신호를 주고받는다.

용접대상물의 위치가 틀어져 있는 경우에 이를 바로잡아 주지 않으면 용접상태가 불량하게 된다. 특히, 용접 시작점에서 위치 틀어짐을 찾아내어 용접토치의 위치를 변경시켜 주기 위하여 접촉센싱 방법이 널리 이용되고 있다. 접촉센싱은 필요시 2곳 또는 그 이상 실시하게 되면, 용접점의 위치를 정확하게 파악하기 위해 사용하며, 용접지그 등이 정확하지 않은 경우에 매우 편리한 다른 장점을 갖고 있으나, 작업시간 및 생산성에 영향을 준다는 단점이 있으므로 반드시 필요한 공정에서만 사용하여야 한다.

아크센싱이란 위빙용접중에 용접변수(용접전류, 아크전압)를 실시간 분석하여 용접토치의 중심점이 용접선으로부터 좌우로 틀어졌는지를 판별하여 용접선을 자동으로 추적하는 방법으로, 아크센싱에는 용접전류를 구하는 방법에 따라서 두 가지로 분류된다. 첫번째는 용접기에서 로봇 제어기로 보내주는 전류치를 분석하는 방법이며, 두 번째는 외부 검출법에서 용접전류 검출은 hall sensor를 사용하여 검출하며, 이렇게 검출된 전류를 외부 unit에서 분석하여 이를 로봇 제어기에 보내주면, 로봇이 보내준 데이터에 따라서 좌우로 변화를 주면서 용접선을 추적하는 system을 말한다.

그림 4.13과 같이 용접토치 진행 방향쪽의 앞부분에 레이저 센서를 부착하면 레이저빔이 용접대상물에 조사가 되는데 이를 분석하면 용접대상물의 위치, gap, mismatch등의 용접조건의 검색이 가능하다. 이러한 값을 기준으로 하여 용접중심선을 추적뿐만 아니라, 용접변수(전류, 전압, 속도등)를 미리 지정된 방법에 따라서 조정이 가능하다. 또한, 아크센서와는 달리 용접시작점 및 종료점을 자동으로 검색하며 용접을 진행할 수 있다는 장점도 지니고 있다.

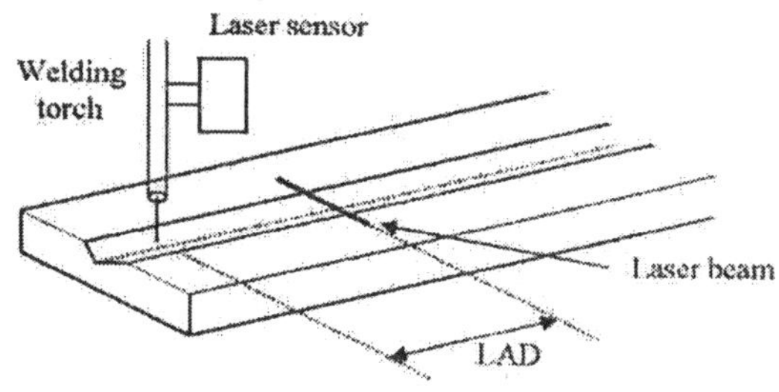

그림 4.13 Automatic welding system using laser sensor

용접대상물과 용접 로봇을 비롯한 용접시스템의 3차원 simulation을 이용하여, 독립된 computer에서 simulation을 수행한 후에 실제용접을 행하는 것으로 용접대상물 설계시에 사용한 CAD 데이타를 용접데이타로 입력하여 주면, 이것을 이용하여 graphic simulation을 수행하게 되며, 또 해당동작을 구현하기 위하여 필요한 로봇 프로그램을 자동으로 생성하여 주는 장치이다. 현재 사용되는 대부분의 경우에는 용접위치를 용접대상물의 설계데이타를 이용하지 않고 단지 용접 로봇을 실제로 이동시켜서 용접위치 데이터를 기억하는 방법을 주로 사용하고 있다. 이렇게 함으로서 용접위치를 교정하는데 많은 시간을 낭비하고 있으므로 향후 많은 사업장에서 이러한 낭비를 피하기 위하여 OLP(Off Line Programing)시스템 구현을 필요로 한다.

OLP의 가장 큰 장점은 로봇 작업시 용접위치의 선정시간을 단축할 수 있고, 이외에도 시뮬레이션을 통하여 원하는 동작을 분석할 수 있다는 장점을 갖고 있다. 예를 들어, 특정 로봇 동작이 주위환경과 동작중에 충돌할지의 여부를 실제동작없이 쉽게 판정하여 줄 수 있게 되므로 안전하고 빠르게 실험이 가능하다는 또다른 장점을 갖고 있다.

현재 많은 용접작업이 용접 로봇과 외부축과의 동작이 동시에 실시되는 관계로, 하나의 제어기로 로봇과 외부축을 동시에 제어하여야 하며, 이러한 경우에 로봇과 외부축은 일정한 시간간격으로 작업을 수행하여야 한다. 이를 동기제어(synchronous control)라고 부르는데, 복잡한 작업물을 용접하는 경우에 작업물을 외부축으로 잡는 동시에 회전하면서 로봇도 이동동작을 하면서 용접을 행하게 된다.

5 레이저용접

5.1 개 요

레이저에 의한 용접은 빛을 이용하는 용접공정이며, 매우 작은 점으로 접속된 레이저 광에서 변환되는 높은 밀도의 에너지를 써서 키홀 응용 현상을 수반하는 용접 방법이다. 이 때 레이저 빔은 용접할 소재의 표면 근처에 접속되며, 이 접속 에너지는 빔 조사 순간의 극히 짧은 시간 동안에 많은 양이 모재의 표면에 반사되는 것으로 알려져 있다. 이렇게 반사 손실이 많은 것은 대부분의 금속 재료가 입사되는 레이저의 파장에 대하여 좋은 반사체이기 때문이다.

그러나, 흡수된 소량의 레이저 에너지는 재료를 급속하게 가열하여 고온의 금속 증기의 이온체는 플라즈마 상태라고 부르며, 용접의 초기에는 입사되는 레이저 빔 에너지 흡수를 돕지만 점차 용접의 에너지 효율에 부정적인 역할을 하게 된다. 레이저의 종류는 많으나, 산업적으로 용접에 쓰이는 레이저 장치는 CO_2레이저와 Nd:YAG 레이저로 대별할 수 있으며 여기에는 이산화탄소 레이저에 의한 용접을 주로 다루고자 한다.

그림 5.1은 대출력 이산화탄소 레이저 장치의 한 종류인 직교형 레이저 발진기의 구조를 개략적으로 보이고 있다. 레이저 빔이 10^4W/mm^{2}정도의 에너지 밀도를 가지면, 용접부에서는 조그만 원통 모양의 키홀이 형성되고 그 키홀 내부에는 고온의 금속 증기가 존재하게 된다. 키홀 내부에는 고온의 금속 증기가 존재하게 된다. 키홀 내부에는 고온의 금속 증기가 존재하게 된다. 키홀의 깊이가 증가하면 레이저는 그 안에서 여러번 연속적으로 반사되는데 이러한 현상을 다중반사 효과라고 부른다. 다중반사가 이루어지면 용접에 활용되는 레이저 에너지 전달효과는 증가한다. 레이저 빔이 조사되는 동안, 증기압은 키홀 벽면의 용융 부위가 중력등에 의하여 붕괴되는 것을 막기 때문이다. 그림 5.2와 같이 키홀은 계속하여 유지된다.

만일, 펄스 형태의 레이저 빔을 쓰게 되면 용융 금속이 키홀 쪽으로 밀려와 한 개의 펄스가 끝나는 시점마다 응고된다.

레이저 빔이 연속모드이고, 용접이 진행됨에 따라 키홀도 이동하게 되면 키홀 주위의 용융 금속은 표면 장력에 의하여 벽면에 부착한다. 그러나 나머지 용융금속은 중력의 영향으로 키홀 뒤쪽을 메우면서 용접 방향으로 마치 하나의 관(vapor capillary)이 이동하는 현상을 보이며 용접비드를 형성한다. 한편, 키홀의 직경은 이산화탄소 레이저 용접의 경우 대략 0.2~1mm 에 달하는 것으로 알려지고 있다.

철강재료를 용접할 경우 키홀의 형성에 필요한 임계에너지 밀도는 10^3W/mm^{2}내외로 알려져 있다. 그러나 이 정도의 에너지 밀도에서 얻어진 용접 비드는 알고 넓으며, 레이저 빔이 긴 조사 시간을 요구한다. 반면에 10^4~10^5W/mm^{2}정도로 밀도를 높이게 되면 용접부가 깊고 좁으며, 요구되는 조사 기간도 단축시킬 수 있으므로 고속용접이 가능하다. 박판 재료를 고속으로 용접할 경우에는 계산에 의한 입열량 보다도 높은 레이저 출력을 사용하는 경향이며, 초과 에너지의 대부분은 키홀 바닥을 통해서 외부로 배출되어 안정적인 용접부의 형성과 함께 기공 결함도 경감 시킨다.

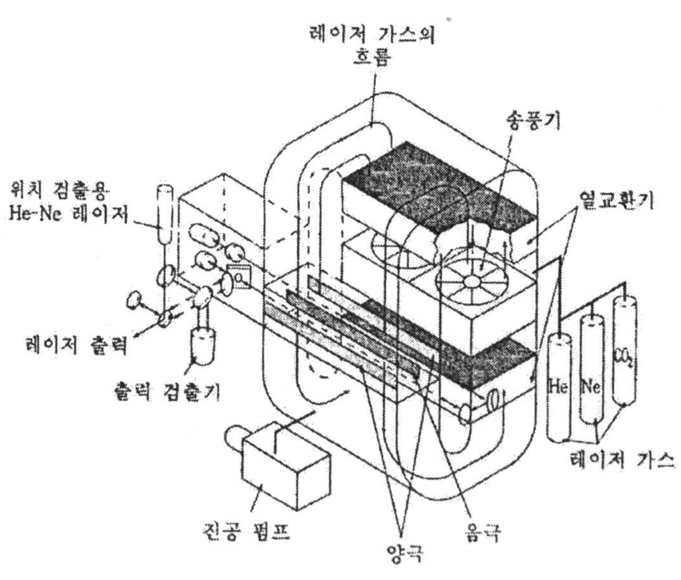

그림 5.1 대출력 CO_2레이저 발전기의 구조(직교형)

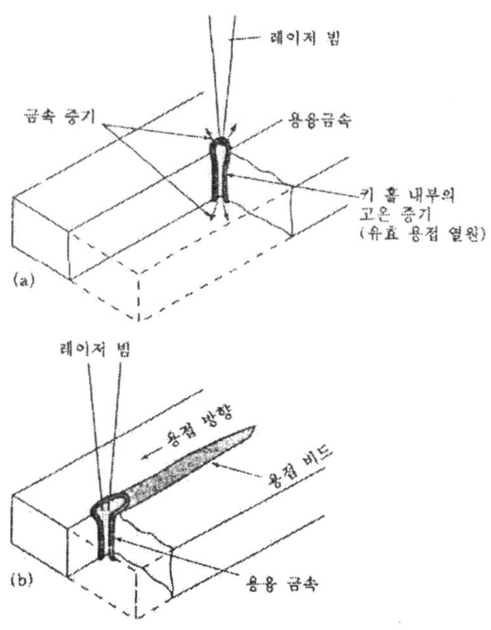

그림 5.2 레이저 빔 용접의 원리 (a)키 홀의 원리 (b)용접비드의 형성

5.2 레이저 용접의 특징

레이저 용접은 높은 에너지 밀도의 열을 이용은 용접이기 때문에 기존의 용접법처럼 열전도에 의존하지 않고 용접부를 형성한다. 아크 용접의 경우 모재의 용융과 용접부 형성이 열전도에 의하여 이루어지며 그림 5.3에서 보인 바와 같이 용융 등온선이 열원에서 바깥쪽으로 움직인다.

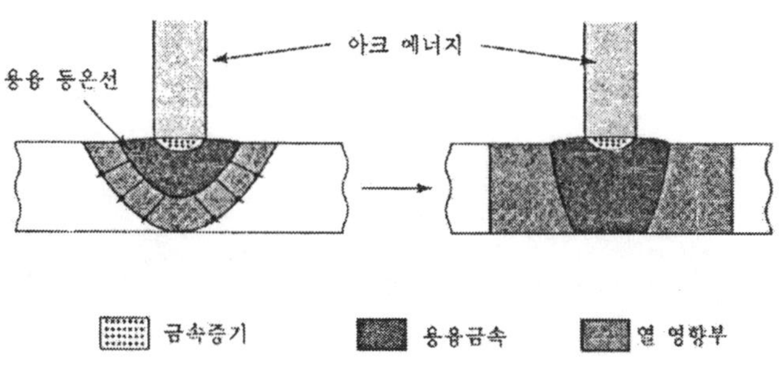

그림 5.3 아크 용접에서의 용접부 형성 원리

이 때 용접부의 폭은 용입깊이 보다 크기 때문에 입열 에너지의 양도 원하는 용입깊이를 얻기 위하여 당연히 높아져야 한다. 따라서 아크 용접의 요입 깊이는 수 mm 가 한계이며 V-홈과 같은 용접 홈을 미리 가공하여 여러 차례 반복 용접(다층 용접)을 실시하여야 하며, 용접 속도 또한 매우 느리다. 레이저 용접과 같은 키홀 용접은 용접 에너지를 재료에 전달함에 있어서 표면을 기점으로 점진적인 열의 전달이 아니라 재료의 두께 방향으로 직접투입(키홀 용접)하는 형식의 고속 용접법이다. 그림 5.4는 그러한 예를 보인 것이며 용입깊이는 사용된 레이저 빔의 출력에 의하여 크게 영향을 받는다.

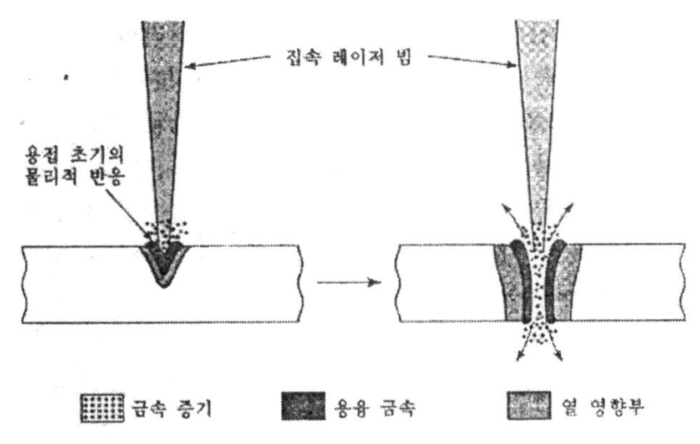

그림 5.4 레이저 용접에서의 용접부 형성 원리

발표된 결과들을 기초하여 볼 때, 1kW의 CO_2레이저 에너지를 이용하여 철강 재료를 용접할 경우에 1.5mm의 용입 깊이를 목표로 한다면 대략 1m/min 의 속도를 얻을 수 있다. 또, 레이저의 출력을 높이면 두꺼운 부재도 한 번의 용접으로 접합이 가능하여 조선 공업 등 중공업 분야의 응용도 가능하다. 아크 용접법과 레이저 용접법을 비교한 실험 결과에 의하면, 아크 용접으로 접합이 가능할 정도로 깊은 용입이 얻어진다.

레이저 용접의 장점을 열거하면 다음과 같다.

- 좁고 깊은 용접부를 얻을 수 있다.

출력만 충분하면 1패스 용접으로도 상당히 깊은 용접부를 쉽게 얻을 수 있다. 예를 들면, 10kW 출력의 레이저 빔 용접 장치로 철강재를 용접 할 경우 15mm의 용입량을 얻을 수 있다. 예를 들면 10kW출력의 레이저 빔 용접장치로 철강재를 용접할 경우 15mm의 용입량을 얻을 수 있다. 또, 45kW급 레이저 장치를 이용하여 두께

30mm정도의 철강재료를 1패스로 용접이 가능하다. 이러한 특성은 두꺼운 판재 용접에서 필요한 용접 홈의 가공과 용접봉 사용을 배제할 수 있기 때문에 생산성에서 매우 유리하다.

- 소입열 용접이 가능하다.

소입열 용접은 결과적으로 소재의 열변형을 최소화 할 수 있어서, 용접 후처리 공정을 생략하거나 축소할 수 있다. 뿐만 아니라, 용접 열에 의하여 영향을 받기 쉬운 복합 부품에 접근하여 용접을 행할 수 있다. 용접 금속학적으로는 열영향부의 취화 경감을 포함하여 용접부 근처에서 발생하는 조직의 조대화를 대폭 줄일 수 있다.

- 고속 용접과 용접 공정의 융통성을 부여 할 수 있다.

용접 속도를 분당 수 m 까지 높일 수 있고 몇 개의 작업대를 하나의 레이저 발진기로 번갈아 가면서 용접을 실시하는 것이 가능하여 용접 생산성을 크게 높일 수 있다.

- 접합되어야 할 부품의 조건에 따라서 한 방향의 용접으로 접합이 가능하다. 즉 X-홈을 가공한 후 양면에서 용접할 필요가 없다.

레이저 빔 용접은 이상과 같은 장점이 있음에도 불구하고 제한점 또한 간과할 수 없는 부분이 많다. 즉 1mm이하의 빔 직경을 가진 레이저 빔 용접의 경우, 정밀한 접합부의 정렬을 요구한다. 접합부 정렬이 적절하지 않으면, 레이저 빔 에너지의 많은 부분이 접합면 사이의 틈을 통해 손실될 수도 있다. 또, 레이저 용접에서는 용융폭이 매우 좁기 때문에, 접합선과 레이저 빔을 잘 일식시키는데 세심한 주위가 필요하다. 따라서 정밀한 용접 장치는 용접 품질과 생산성을 높이는데 중요한 요소이다. 이것은 접속 빔과 접합선의 정렬도를 좋게 할 뿐만 아니라, 초점 위치 등을 용이하면서도 재현성 있게 제어할 수 있다는 의미를 내포하고 있으나 정밀도가 올라갈수록 투자비 또한 상승한다는 점을 인식하여야 한다.

5.3 레이저 용접의 공정변수

레이저 용접에서 거론되는 공정 변수들을 기본적으로 이 용접법이 빛을 사용한다는 점을 감안하여 볼 때 예측할 수 있는 바의 같이 광학 전송계의 특성인 접속 장치의 초점거리, 초점크기 및 초점 심도를 비롯하여 레이저 빔 자체의 성질, 용접 점에서의 초점 위치 등이 매우 중요한 역할을 한다. 이러한 공정 변수들은 용접 장치가 정해지면 작업자로서 손댈 수 없는 부분이 있는 반면 용접을 실시할 때 마다 소재의 조건에 따라 작업자가 최적의 상태로 유지하여야 하는 조건들이 있다.

5.3.1 초점위치

초점위치는 용접의 진행 방향에 대한 재료 표면에서의 초점위치와 용접할 재료의 내부 방향에 대한 초점위치로 나누어 생각할 수 있다. 일반적으로 전자는 초점 위치를 벗어남이라는 용어로 대표되는데, 이것은 용접선의 정렬과 관련이 있어서 용접 실시 전에 접속 빔이 접합하고자 하는 위치에 정확히 오도록 주의를 기울이는 것으로 조건의 설정이 끝나는 요소이다. 한편, 두께 방향으로의 초점위치는 피용접재의 두께 방향으로 어떤 특정한 위치에 에너지의 집속점을 두게하는 가상의 점으로서 용융에 필요한 에너지의 효율 및 용접부의 형성특성에도 매우 예민한 관계가 있는 중요한 변수의 하나이다. 특히, 접속 장치(렌즈 또는 거울)의 구경 대비 초점거리의 비(F-수)가 큰 광학계를 사용할 경우에는 빔의 수렴각과 발산각이 다 같이 커지기 때문에 더욱 세심한 주의를 기울여야 비드의 폭에 비하여 용입깊이가 깊은 용접부를 얻을 수 있다.

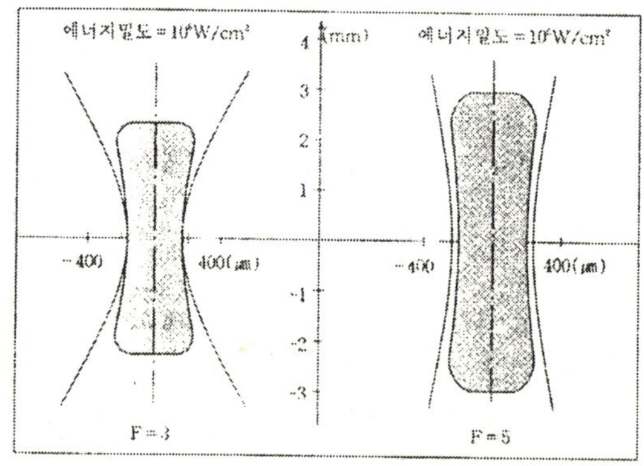

그림 5.5 F-수와 접속에너지 밀도와의 관계

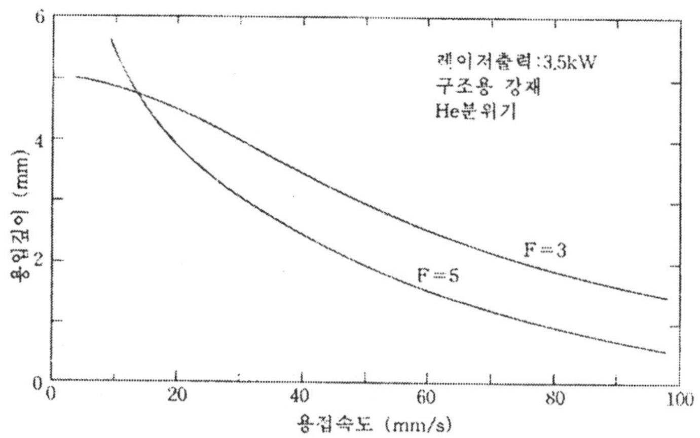

그림 5.6 용접부 형성에 미치는 F-수의 영향

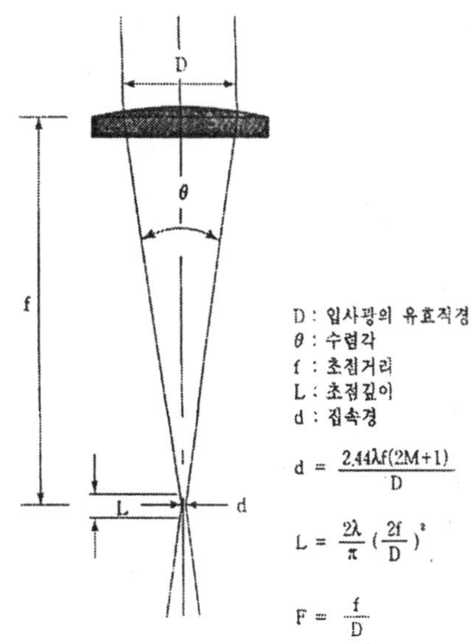

그림 5.7 입사광과 레이저 집속광과의 관계

그림 5.5는 F-수와 접속 빔의 단면 형상을 그리고 그림 5.6은 F-수가 용접부 형성을 미치는 효과를 보여주고 있다. 이러한 원인은 무엇보다도 용접 점에서 집속 빔의 에너지 밀도가 큰 폭으로 변화하여 키홀 용접을 잘 이룰 수 있느냐, 혹은 그렇지 않느냐에 직접 영향이 있기 때문이다. 그림 5.7은 입사광의 유효 직경, 렌즈의 초점거리, 레이저의 파장, 집속장의 직경 및 초점 심도가 서로 어떤 연관성이 있는지를 보여주는 것이다.

그림 5.8은 초점위치 설정의 개념도이며, 그림 5.9는 철강 재료를 용접할 때 초점위치에 따라 용입 깊이가 어떻게 달라지는 지를 나타낸 실험 결과의 한 예이다.

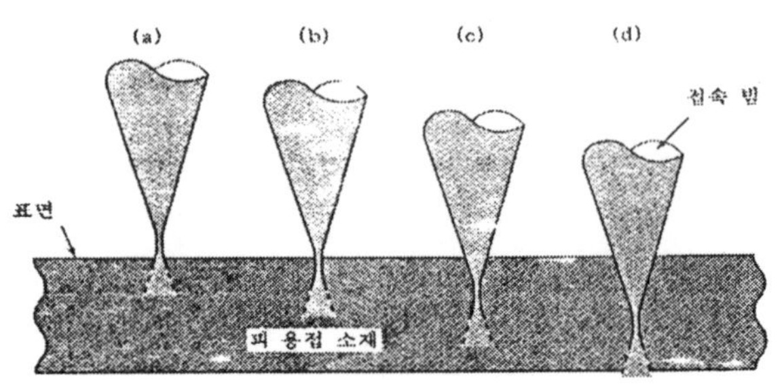

그림 5.8 피용접제에서 초점위치 설정의 개념도

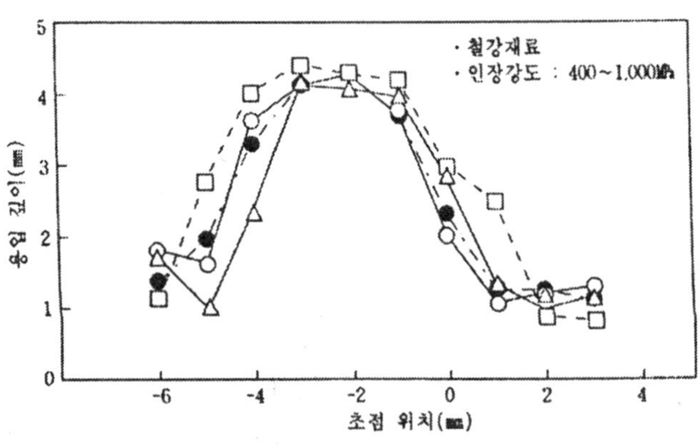

그림 5.9 초점 설정 위치와 용입 깊이와의 관계

5.3.2 레이저 출력

레이저 출력은 용입 깊이의 한계를 규정하는데 중요한 요소로서, 근본적으로 소정의 출력을 낼 수 없는 장치를 가지고는 다른 조건이 모두 최적의 상태라고 하더라도 일정 깊이 이상의 용접부를 얻을 수 없다. 그림 5.10은 레이저 출력이 용입깊이에 미치는 영향을 용접속도와의 관계로서 제시한 것이다.

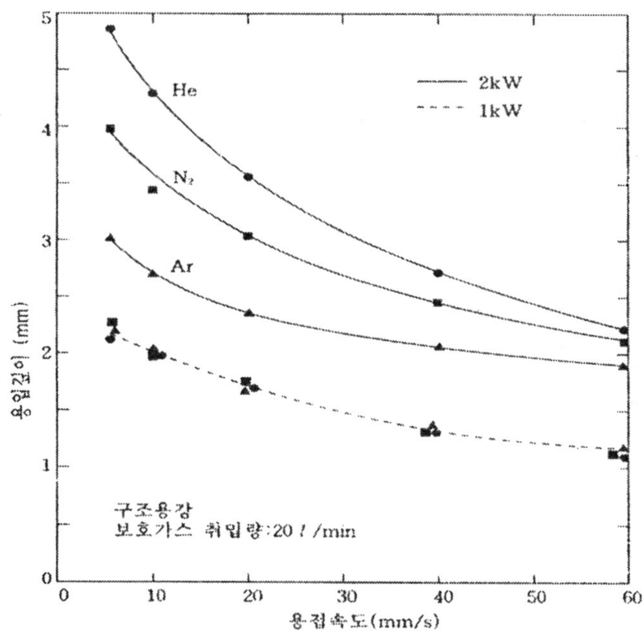

그림 5.10 용접 속도-레이저 출력-용입 깊이의 상관성

5.3.3 용접속도

레이저 출력과 함께 용접 속도는 용접되는 위치가 받는 용접 입열량과 밀접한 관계를 가지고 있다. 비드 온 플레이트(bead-on-plate)용접이나 후판재의 용접에서는 속도의 증가에 따라 용입깊이가 감소하기 때문에 깊은 용입을 이루기 위해 용접 속도가 중요시 된다. 그러나 박판 재료의 맞대기 용접에서는 그러한 개념 보다는 완전용입을 이루는 가장 빠른 용접 속도를 더 중요하게 취급한다. 이러한 완전용입 조건에서 용접 속도가 올라가면 용접부와 열영향부의 폭이 함께 좁아지면 용융부의 상하 대칭 정도가 낮아져 용접 후 그 단면을 조사하여 보면 용접부가 V-자 모양을 형성하기 쉽다.

5.3.4 보호가스와 보조가스

보호가스와 보조가스는 경우에 따라서 혼용되기도 하지만 엄밀한 의미에서는 효과와 사용 목적의 차이가 있다. 보호가스(shielding gas)는 아크 용접에서와 같이 용접시 고온의 용융금속을 산화로부터 보호하는 차단막의 역할을 하여 용접부에 산화물형의 비금속 개재물과 기공의 형성을 막아준다. 한편 보조가스(assist gas)는 레이저 용접에서 필연적으로 형성되는 플라즈마를 제거하여 에너지의 이용 효율을 높임으로써 동일한 출력의 레이저 장치를 사용하더라도 더 깊은 용접부를 얻고자하는 역할을 담당한다. 그러므로 보조가스는 플라즈마 억제용 가스(plasma suppression gas)라고도 하는데 용접 토치(head)와 노즐의 형태에 따라서는 보호가스가 보조가스의 역할을 동시에 수행하기도 한다. 보호가스와 보조가스로 사용되는 기체로는 Ar,He 및 N_2등이 있는데 Ar이 널리 쓰이고 있다.

그림 5.11은 Ar을 이용하여 용접을 실시하였을 때 가스의 취입량과 용입 깊이와의 관계를 보여주는 실험결과이다. 이 도표에서는 가스를 적정 조건으로 사용하여야 용접성과 경제성을 동시에 만족시킬 수 있음을 보여준다.

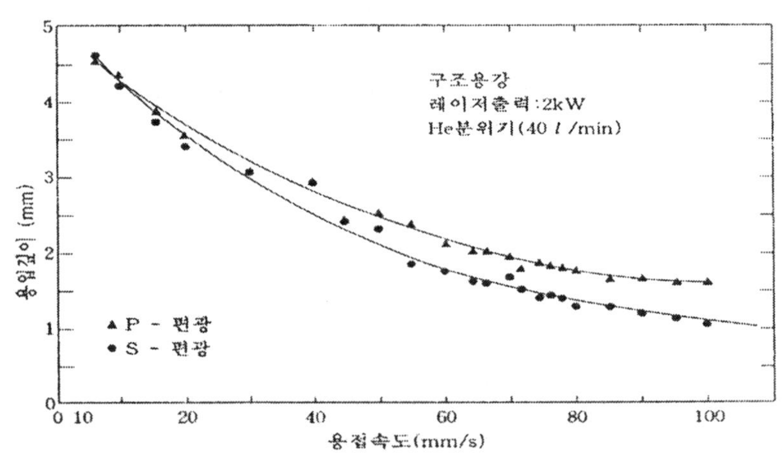

그림5.11 보호가스 취입량이 용입깊이에 미치는 영향

한편, 그림 5.12는 가스의 종류가 용접부 형성에 미치는 영향을 보여주는 실험 결과이다. 이와 같은 실험 결과는 레이저 용접에서 플라즈마는 매우 중요한 역할을 하는데, 이것은 용접부 형성 기구와도 무관하지 않다. 즉 레이저 용접에서 용접부의 형성이 플라즈마에 의한다는 설과 단순한 키홀 기구로 이루어진다는 학설이 있기 때문이다. 프라즈마가 용접부를 형성하는데 중요한 역할을 한다고 주장하는 학설은 레이저 빔과 재료간의 에너지 전달이 레이저- 플라즈마/플라즈마-재료의 순서로 에너지 전달이 이루어진다는 이론이다. 즉, 레이저 빔이 최초로 플라즈마를 만들면,

이 플라즈마에 흡수된 에너지는 복사, 대류 등을 통하여 다시 소재 내부로 전달된다는 것이다. 그러나 플라즈마의 강도가 임계값 이상으로 높아지면 과도한 밀도의 플라즈마가 발생하고 레이저 빔은 이 플라즈마 구름에 의하여 일부 반사 차단되어 용접 효율을 떨어뜨린다.

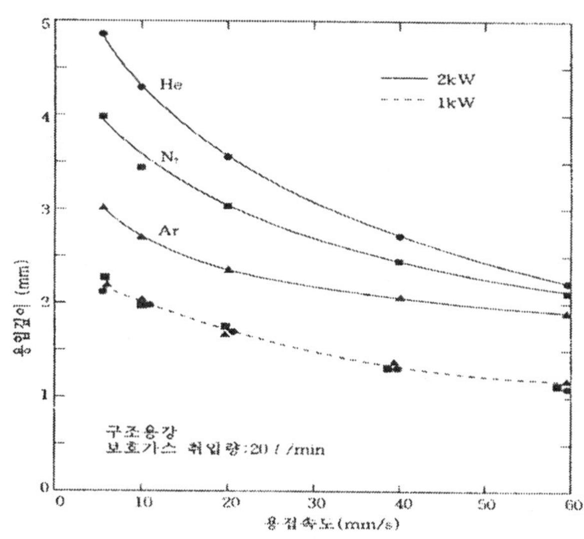

그림 5.12 용입깊이에 미치는 용접속도와 보호가스의 영향

5.3.5 편광의 영향

레이저 절단에서 절단 방향을 기준으로 레이저 빔의 편광이 절단 성능에 영향을 준다는 사실은 이미 알려져 있다. 용접에서도 편광은 경미하기는 하지만 영향을 미친다. 그러나 실험결과는 그림 5.13에 제시되어 있다. 이 결과를 분석하여 보면, 용접속도의 감소에 따라 용접부에서는 금속 증기의 밀도가 상승되며 이로 인하여 플라즈마를 매체로 한 빔의 흡수가 지배적으로 일어남으로 편광의 영향 또한 거의 없다.

그러나, 용접 속도가 빠를 경우에는 플라즈마의 밀도가 낮아져 플라즈마를 매체로 한 빔의 흡수가 상대적으로 줄어들며 편광의 영향은 증가한다.

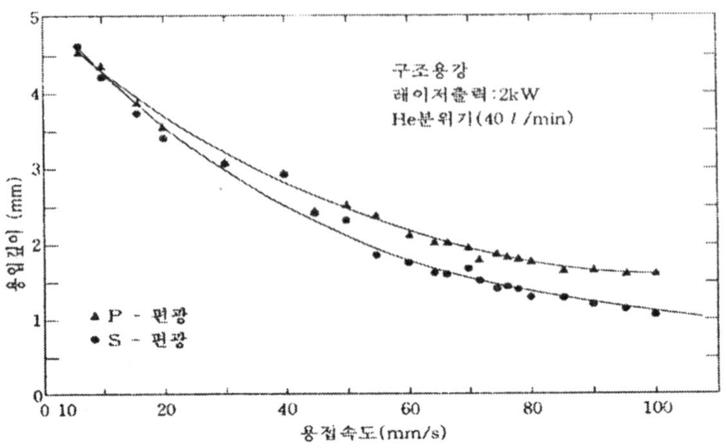

그림 5.13 용입깊이에 미치는 편광의 영향

5.4 이음부의 형상

그림 5.14는 레이저 빔 용접에서 자주 사용되고 있는 접합부의 형상을 나타내고 있다. 그림에서 (1), (2), (4)는 박판 용접의 대표적인 이음 형상이며, 3, 5, 6은 박판 재료를 이용하여 부품을 만들 때 쓰이는 이음 형상이다. 겹치기 이음[그림에서(1)]은 레이저 빔 용접에서 많이 이용되고 있는 이음 형태인데, 그 이유는 간단하면서도 집속 빔이 정렬 문제 즉, 맞대기 이음에서 자주 거론되는 초점 위치 벗어남이나 맞대기 간극 유지의 어려움에서 탈피할 수 있기 때문이다. 용접 설계자의 입장에서 볼 때는 이러한 모양의 이음부가 생산의 용이성과 다목적 유용성을 높일 수 있다. 그러나 이러한 이음 형태는 직선이 아닌 곡선 용접일 경우에 어려움을 나타내는데, 이 때 맞대기 간극의 크기가 소재 두께의 10~15%정도로 관리된다면 용접부의 형상이나 강도에 문제를 일으키는 않는 것으로 알려져 있다.

이 간극이 두께의 25%를 넘게 되어, 용융부의 크기가 소재의 두께보다 작게 되므로 기계적인 강도를 떨어뜨리게 된다. 그러나 이 간극을 언제나 0으로 관리하여서는 안 된다. 아연 도금 강제를 용접할 때에는 아연 증기의 방출을 돕고 기공 형성을 막기 위하여 약간의 간극을 부여하는 것이 유리하다.

그림 5.15는 이러한 목적으로 설계된 소재 고정장치의 개략도를 나타내는 예로서, 고정기구의 한 쪽에서 용접할 소재의 두께보다 약간 큰 높이의 하부 고정대를 고안하여 용접시 소재와 소재 사이에 필요한 간극 가지도록 하고 있다.

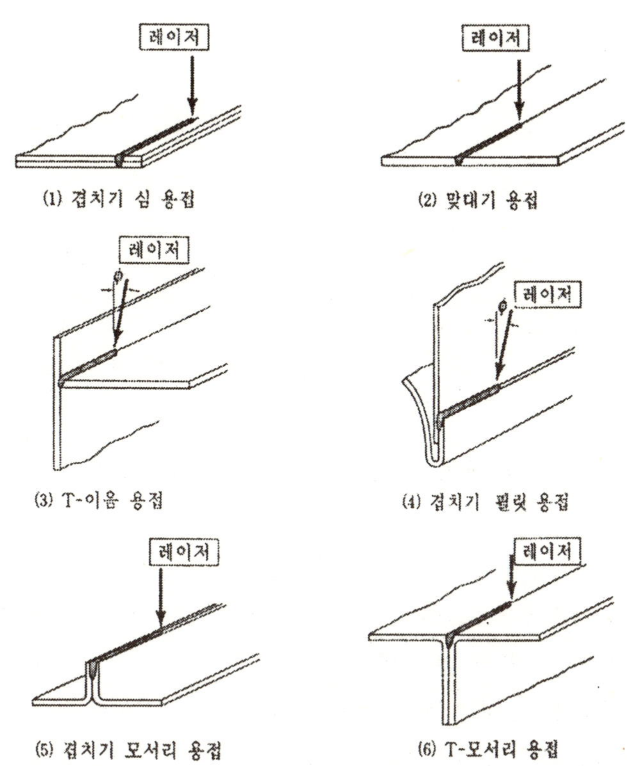

그림 5.14 레이저 빔 용접에서 사용되는 이음부 형상의 예

두께 1mm 이하의 강재에 대한 맞대기 이음은 레이저 용접에서 가장 어려운 이음 형태일 것이다. 특히, 테일러드 블랭크와 같이 필연적으로 긴 길이를 한 번에 용접할 경우에는 용접 품질의 균일성과 재현성 측면에서 특별한 주의를 기울여야 한다. 이 용접에서 중요한 조건은 집속된 레이저 빔이 정렬과 접합선을 여하한 방법으로 잘 고정하는 것이다.

그림 5.16은 테일러드 블랭크 제조를 위한 용접의 한 예로서 승용차 문틀을 용접한 것인데, 그림에서는 각각의 부위마다 서로 다른 두께의 강재가 접합되어 있는 실례를 보여주고 있다. 빔 정렬의 허용량과 관련한 연구 결과들을 참고로 하여 볼 때, 박판의 고속 용접에서도 용접비드의 폭은 에너지가 피 용접재의 한 쪽에 조사되었을 때 그 건너편의 재료가 가열되어 용접을 이룰 수가 있다. 따라서 어느 정도의 간극이나 초점 위치 벗어남이 존재하여도 기계적으로 소정의 강도를 가지는 용접부를 얻는 것이 불가능은 아니다. 그러나 이들 두 변수는 서로 독립적으로 관리하여야 하는 요소이므로 실제 용접에서는 생각보다 까다롭다.

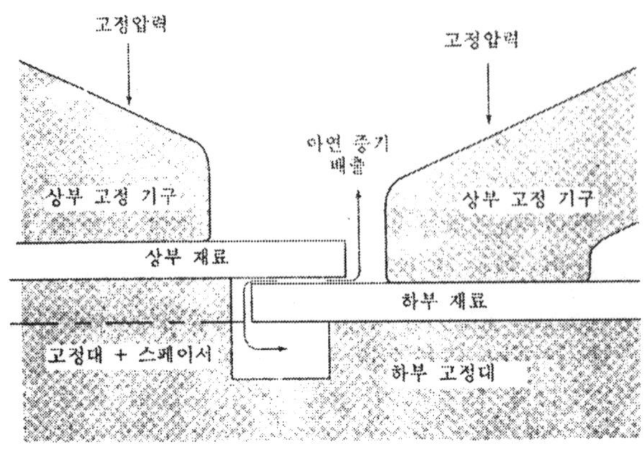

그림 5.15 도금강재의 용접 특성 개선을 위한 고정자치의 개념도

간극 관리의 어려움을 경감시키기 위한 방법으로 집속 빔을 위빙하는 기법이 제안되고 있으나, 용접속도를 떨어뜨린다거나 용접부의 폭을 지나치게 넓히는 효과가 있으므로 박판 소재의 고속 용접에서는 활용이 곤란하다. 용접부 정렬의 또 다른 형태는 단차로 불리우는 용접부 표면에서의 상하 부정합이다. 이것도 맞대기 간극을 포함하여 박판의 용접에서는 매우 중요하게 다루어지는 용접 변수 이다.

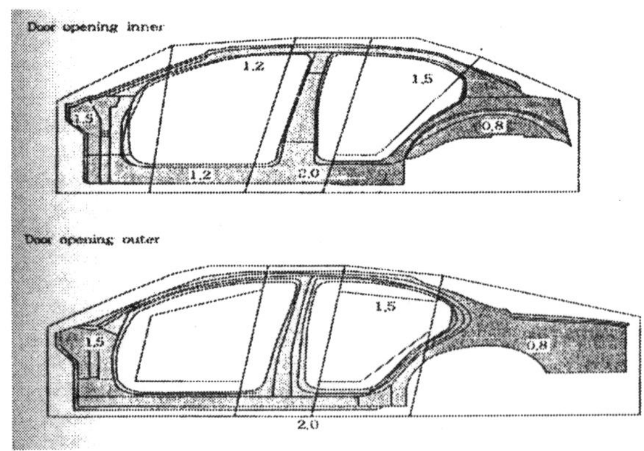

그림 5.16 테일러드 블랭크 용접기술의 적용 예 (숫자는 소재의 두께를 표시한 것 임)

대부분의 경우 박판의 용접은 외부에서 용접재료의 공급이 없는 제살용접이기 때문에 용융금속의 절대량보다도 간극이 넓으면 용접부가 잘 채워지지 못한 상태의 결함(용입 부족 또는 언더컷)을 일으킨다.

또 단차가 허용 한계를 넘으면 용접부의 평탄도를 저하시키므로 외관 품질을 떨어뜨리거나 용접 후 성형 가공을 받을 경우에 용접부 파단을 일으키기 쉽다.

5.5 레이저 용접부의 품질

레이저 용접부는 앞에서도 언급되었듯이 적은 에너지를 이용하여 고속으로 용접이 이루어진 결과이므로 매우 좁고 깊은 비드 단면을 형성한다. 또, 열영향부의 폭이 좁고 통상의 아크 용접에서는 상상하기 어려운 냉각속도를 받기 때문에 용접부의 금속학적인 특성도 우수하다.

구조용 강재를 이용하여 레이저 용접을 실시한 연구결과에 의하면 용접부에서는 국부적으로 높은 경도를 나타내며, 경우에 따라서는 특이한 미세 조직이 출현하기도 한다. 또 용접 열영향부에서는 미세 조직이 출현하기도 한다. 또 용접 열영향부에서는 빠른 열사이클의 영향을 받아 고온으로 상승되었던 부분의 일부에서 상온 조직이 완전한 상변태를 일으키지 못한 상태로 관찰되기도 한다.

표 5.1은 레이저 용접의 각 변수들이 용접 결과에 미치는 영향을 정리한 것이다. 이 표에서는 접속 빔 자체의 특성, 용접 공정 조건들 및 피용접 소재의 조건이 용접 결과에 어떠한 영향을 주는 지를 설명하고 있다.

표 5.1 용접 결과에 미치는 각종 요소들의 영향

영향요소		용접 결과에 미치는 영향
접속 범위 특성	에너지 밀도	가공 범위의 한계 (플라즈마의 영향)
	에너지 밀도 × 초점 반경	용입 깊이 결정 (용접 속도가 일정할 때)
용접 공정 변수	출력/ 용접속도	비드 단면적, 용접부 경도, 기포
	보호(보조)가스	효율(용입 깊이, 비드 단면적), 결함
	초점 위치	용입 깊이, 용접부 단면형상, 결함
소재의 특성	재료의 종류	효율(용입깊이, 비드 단면적), 결함
	표면상태(거칠기, 청결상태)	용입깊이, 결함
	아음부 형태와 정렬도	비드의 함몰

5.6 적용 예

5.6.1 하이드로 태핏

독일의 자동차사에서는 승용차용 디젤 엔진 하이드로 태핏을 레이저 용접법으로 양산하고 있는데, 개발과정에서 브레이징법과 전자빔 용접법도 동시에 검토되었다. 그러나 브레이징 방법은 브레이징 플럭스가 윤활유 구멍을 막는 경우가 발생하고 그것이 제품의 불량을 초래하므로 제외되었다. 전자빔 용접은 레이저 용접법과 같이 적은 에너지로 용접이 이루어지는 방법이므로 용접구가 좁고 변형이 작아 우수한 용접부를 얻을 수 있었다. 그러나 전자빔 용접은 진공 속에서 용접이 이루어져야 하므로 작업 공정은 번거로움과 설비 투자비의 약점이 있었다. 한편, 레이저 용접법은 진공장치가 필요 없고, 2개의 독립된 용접 작업 공간을 한의 레이저 발생장치로 운영할 수가 있어서 레이저 용접법을 선정하게 되었다.

생산에 필요한 소요 비용은 비교는 표 5.2에 정리되어 있는 바와 같이 레이저 용접법이 우수하였다. 레이저 용접이 대표적 조건과 결과는 다음과 같다. 즉, 레이저 출력 : 1.3kW, 용접속도: 2.7m/min, 용입 깊이 : 0.7mm 및 싸이클 타임 4초

표 5.2 엔진의 하이드로 패핏 제조에서 각종 용접법의 비교

용접공정	브레이징	전자 빔 용접	레이저 용접
설비투자비	1	4	1.7
노동력 소요비	1	0.7	0.7
설치 및 운전 면적	1	0.4	0.4
유지 및 보수비	1	8	3
부수적인 재료의 소요	1	0	0.15

5.6.2 아연도금 강판의 용접

동절기에 도로 결빙을 막기 위하여 살포하는 염화칼슘은 차체부식을 유발한다. 따라서 부식방지를 위하여 승용차에 아연도금 강판을 사용하는 추세이다. 이 업체

에서는 플로어 판넬 크기의 적합한 광폭 강판이 생산되지 않았기 때문에 기존의 강판을 레이저로 용접하여 부품소재의 폭을 넓힌 다음 성형 공정을 거쳐 플러어 판넬를 생산한다. 즉 두께 : 0.75mm, 폭 : 1,955mm 및 길이 : 3,200mm의 아연 도금 강판에 레이저 빔 용접을 적용함에 있어서 이음부의 형태는 맞대기 였고 판의 폭에 해당하는 1,955mm 에 대하여 장거리 용접을 실시하였다. 이 때의 용접 조건은 레이저 출력: 1.4kw, 초점 위치 : -0.75mm, 용접 속도 : 2.4m/min이었고 보호가스는 Ar을 썼다. 이 공정에서 레이저 용접법을 선택한 이유는,

· 용접부가 성형과정에서 충분한 연성을 가져야 할 것
· 모재의 평탄도에 준하는 용접 후의 평탄도가 보장 될 것
· 부식 문제를 최소화 할 수 있는 용접 방법일 것 등에서 우수하였기 때문이었다.

5.6.3 트랜스미션 축의 용접

트랜스미션 축은 자동차의 부품 중에서도 중요성이 높은 부품이므로 용접법의 선정에서 면밀한 검토가 이루어졌다. 이 부품의 용접에서 레이저 용접을 선정하게 된 이유를 살펴보면 다음과 같다.

· 변형이 없거나 최소인 용접 방법으로 용접후의 2차 가공이 불필요한 것
· 생산 공정의 상황 (Just In Time, JIT)에 알맞은 용접 공정
· 부품의 성능에 적합한 용접부의 기계적 성질이 보증될 것

또, 적절한 용접 방법을 확정하기 위한 전자빔 용접과 레이저 용접의 비교 검토에서는

· 생산 단가
· 용접부의 사전 준비 난이도(간극, 어긋남, 재료의 세척등)
· JIT 생산 공정 조건의 연계성 등 이었다.

그러나 전자 빔 용접법은

· 진공실의 오염 및 청결 작업시 생산 중단 시간의 과다
· 모재의 자화로 인한 품질의 저하
· 세척 재료의 환경 오염 유발
· 유지 보수 및 일시 작업 중단 후 재가동까지의 시간 소요가 길었기 때문에 레이저 용접법이 채택되었다.

용접 조건은 레이저 빔의 출력 : 4kw±0.2kw, 광학계의 초점거리 : 200mm, 용접속도 : 1.2~2.0m/min이었고 보호가스는 Ar을 8 l/min 의 유량으로 취입하였다.

5.6.4 테일러드 블랭크 용접

자동화 경량화의 한 방법이다. 기존에는 같은 두께와 기계적 특성을 갖는 재료를 성형하여 사용하고 하중이 집중되는 곳은 보강하는 방법을 썼다. 이 방법은 작업 공정수의 수가 많고 소재의 무게 증가가 크며, 안전성과 제조 원가면에서 문제점으로 대두 되었다.

테일러드 블랭크 기술은 특정 부위에 필요한 두께와 강도의 소재를 사전에 준비한 다음 레이저 용접으로 접합시킨다. 이렇게 접합된 용접 소재는 성형을 거쳐 차체 부품으로 사용되는데, 동종 뿐만 아니라 이종 재료의 용접에도 우수한 성능을 나타낸다. 자동차 공업에서는 안전도와 경량화의 핵심기술이다.

6 시험 및 검사

6.1 개 요

용접구조물의 제작과 관련하여 제품의 품질을 유지하기 위한 여러 단계의 시험 및 검사가 행해지고 있으며, 다른 생산기술에 비하여 용접전이나 도중 또는 후에 행하여지는 시험 검사가 많은 것이 특징이다. 이들 시험 검사를 통하여 용접구조물의 최종 품질을 판정하며, 시험 검사 결과를 설계, 제작, 구매 등의 관계분야로 전달하여 제작 과정 중의 문제점들을 해결하고 사전 예방을 할 수 있도록 한다. 그러므로 시험검사 방법의 선정과 결과에 대한 평가에는 설계, 시공, 소재 등을 포함하는 용접 기술 및 제품 특성 전반에 관한 올바른 이해가 필요하다.

일반적으로 용접부의 품질 확인은 비파괴 시험법을 통하여 할 수 있는 것으로 알려져 있으나, 비파괴 시험방법으로 확인할 수 있는 것은 결함 유무와 이를 근거로 한 결함의 등급 판정 정도이며, 그 외의 기계적, 물리적 특성이나 성능 확인은 불가능하다. 따라서 올바른 용접부 품질을 얻기 위해서는 비파괴 시험외에 용접관련 전 공정마다 시험이나 검사가 필요하며, 이것은 모재, 이음부의 종류와 형상, 용접재료, 용접기기, 용접작업자의 기량, 용접시공환경, 용접조건 등의 많은 용소들에 의해서 용접구조물의 품질이 영향을 받기 때문이다. 소재가 입수되었을 경우에는 올바른 소재가 입수되었는지에 대한 확인 검사에서부터 용접시공전의 용접사의 기량확인 시험, 용접절차확인 시험, 절단부위 검사, 조립상태 검사, 용접 중의 시공조건 확인 검사, 용접 후의 치수 검사, 결함 검사, 성능확인 검사 등이 필요하게 된다.

그러므로 용접부 관련의 시험 검사는 용접부에 대한 품질 확보를 위하여 비파괴 시험 뿐만 아니라 용접시공 전반에 관한 종합적인 개념을 가지고 시험 검사 항목과 내용들을 결정하여야 하며, 그에 따라서 정확하게 실시하여야 한다.

용접 관련의 시험 검사는 파괴의 유무, 목적, 시기에 따라 표 6.1과 같이 분류할 수 있으며, 시험 시기에 따른 분류는 다음과 같다

표 6.1 용접부 시험 검사의 분류

<table>
<tr><th colspan="2">구분기준</th><th>시험검사명</th><th>시험종류의 예</th></tr>
<tr><td colspan="2" rowspan="2">파괴 유무</td><td>파괴시험</td><td>강도 시험, 조직 시험, 굽힘 시험등</td></tr>
<tr><td>비파괴시험</td><td>방사선 투과시험, 초음파 탐상시험, 자분탐상시험, 기밀시험</td></tr>
<tr><td colspan="2" rowspan="3">시험목적</td><td>성능시험 검사</td><td>인장시험, 파기 시험, 작업성 시험 등</td></tr>
<tr><td>결함시험 검사</td><td>자분탐상시험,침투탐상시험,방사선투과시험등</td></tr>
<tr><td>기량시험 검사</td><td>용접사 기량시험</td></tr>
<tr><td rowspan="4">시험시기</td><td rowspan="3">사용전</td><td>용접전 시험 검사</td><td rowspan="2">재료확인시험,용접절차시험,용접사기량인정시험등
생산 중 시험, 용접조건 확인, 표면결합시험 등
외관검사, 방사선 투과 시험, 치수검사등</td></tr>
<tr><td>용접중 시험 검사</td></tr>
<tr><td>용접후 시험 검사</td><td rowspan="2">재결함의 발생 검사</td></tr>
<tr><td>사용후</td><td>사용중 시험 검사</td></tr>
</table>

1) 용접 전 시험 및 검사

모재와 용접재료가 입수되었을 때 실시하는 소재 확인 및 시험 검사, 용접방법 및 용접조건의 결정을 위한 용접절차 확인시험, 용접사 기량 시험 등은 용접 전에 이루어진다. 또한 용접 전에 용접물의 가공과 조립에 관한 검토가 필요하며, 용접 설비에 대한 검사도 필요하다.

2) 용접 중 시험 및 검사

용접 중에 이루어지는 시험 검사는 용접관리를 위하여 실시된다. 그 예로서 수동 아크 용접의 경우에는 용접전류, 용접전압, 용접속도, 예열, 층간온도, 보호가스, 이면 가우징 조건, 후열처리조건 등의 재용접 조건에 관한 확인 및 기록 등이 행해진다. 필요에 따라 매 층마다 표면 결함 검사가 실시되는 경우도 있으며, 용접조건과 동일한 조건으로 만들어진 용접 시편에 대하여 생산 공정 중에 시험 검사를 실시하는 경우도 있다.

3) 용접 후 시험 및 검사

용접이 완료된 후에는 외관 검사, 방사선투과시험, 초음파탐상시험, 액체침투탐상

시험 등에 의한 용접 결함의 유무와 종류, 위치, 크기에 관한 검사가 실시된다. 경우에 따라서는 용접으로 인한 변형량 측정 등의 치수검사와 잔류응력 측정, 경도시험 등이 실시되기도 한다. 그리고 압력용기 등에 대해서는 압력시험이나 기밀시험 등을 실시한다.

4) 사용 중 시험 및 검사

완성된 용접구조물을 사용할 경우에는 구조물의 종류에 따라 법규나 내부 규정에 따라 시험 검사를 실시하게 되는데, 이들 검사는 주로 기기를 정지시킨 상태에서 실시하는 정기검사와 기기를 사용 중에 실시하는 사용 중 검사(In-Service Inspection, ISI)로 구별된다. 여기서 사용 도중에 확인되는 용접부 결함들은, 결함의 원인에 대한 확인을 통하여 결함을 방지할 수 있는 형상이나 소재 선택 등 설계에 대한 기술이나 용접시공 조건 등에 관한 매우 중요한 기술 정보를 제공한다. 원자력 산업에서의 사용 중 검사에는 방사능 문제로 인한 대책 수립이 필요하다.

6.2 용접성 시험방법

용접성(weld ability)이란 용접관련 기술자들에게는 자주 사용되는 용어이지만, 그 용어가 갖는 의미는 단순하지 않다. 미국용접학회에서는 용접성이란 특별히 설계된 구조에 특정한 소재를 제안된 시공 조건하에서 적절히 용접되는지, 그리고 동시에 그 용접물이 의도하는 용도에 안전하게 사용될 수 있는지의 성능을 나타내는 것으로 정의하고 있다. 대한용접학회가 주관하여 펴낸 '용접 용어 사전'에서는 용접성을 소재에 최적이라고 생각되는 용접봉 등의 소모재와 특정용접 공정에 의해 양호한 성질을 갖는 용접물이 시공될 수 있는지에 대한 재료의 능력을 나타낸다고 하고 있다. 이 두 학회의 정의는 거의 동일하지만 그 의미는 너무 포괄적이라고 할 수 있다. 용접에 관련된 종사자들에게 위의 정의를 더욱 구체화하여 표현하면 기계, 구조물 및 장치 설계 측면에서의 용접 안전성과 사용하는 재료 및 접합부의 특성과 건전성으로부터의 용접 적합성 및 용접의 시공 방법, 즉 절차와 장비 등에 의하여 판단되는 시공 가능성 등으로 세분된다고 할 수 있다. 따라서 용접재료, 접합부의 설계 및 용접 시공법 등에 의하여 용접된 구조물이 건전한지를 판단하기 위하여 위에서 언급한 세 가지 사항에 대하여 다양한 평가방법을 채택하여 용접성을 판단하여야 한다.

용접성의 평가는 대부분의 경우 용접부와 용접부를 구성하는 재료에 대한 금속학적 또는 기계적 성질 등을 평가하는 시험법 등이 채택되고 있다. 그러나 이러한 시험 방법 중에서 어느 한가지의 시험 방법 또는 조합된 시험 방법들을 활용한다 하더라도 실제 용접구조물의 조건에 일치하기는 매우 어렵고, 다만 실험적인 시험으로서 용접에 사용되는 모재, 용접공정, 용접시공방법 등에 대하여 비교할 수 있는 자료들을 제공한다는 의미를 가지고 있다. 그러므로 다양한 시험방법들 중에서 그 목적에 맞도록 시공 전후에 관한 여러 가지 영향을 고려하여 용접성을 명확히 평가할 수 있는 방법을 선택하는 일은 매우 중요하다.

6.2.1 용접성 시험방법의 종류

용접성 시험방법은 위에서 언급한 바와 같이 용접 안전성, 용접 접합성, 시공 가능성 등으로 구분할 수 있지만, 이러한 구분을 실제적으로 분리하여 평가하기는 어려움이 많다. 따라서 이들을 구체화한 평가방법으로 다시 구분하여 보면, 모재의 재질 평가를 위해서 행하는 기본적인 용접성 시험법과 실제 구조물의 용접시공 확립 및 시공조건의 설정을 위해서 하는 적용 용접성 시험으로 크게 나눌 수 있다.

기본 용접성 평가 시험은 표 6.2에서 나타낸 바와 같이 용접전에 모재에만 한정되는 모재의 화학조성, 조직 및 품질 뿐만 아니라 용접공정과 시공법에 의하여 변화된 모재의 재질변화 정도, 용접결함의 발생 경향등을 포함한 조사가 이루어져야 하며, 이 밖에도 용접 경화성, 연성시험, 용접 균열 시험 및 용접 재료의 용접성 등을 들 수 있다. 적용 용접성 평가시험은 구조물의 제작공정 전에 먼저 실시하는 용접절차 확인시험(welding procedure test)과 중요한 대형 용접구조물 등에서 제작 공정 중에 이루어지는 생산 중 용접품질 확인시험(production test) 등이 있다.

기본 용접성 시험과 동시에 적용 용접성 시험 방법에 포함되는 시험법으로써는 실제 용접을 행하는 대신 모재에 실제조건과 유사한 열사이클을 가하는 용접 재현시험이 있다. 이것은 용접기 대신 재현 열사이클 시험 장치 혹은 열구속 시뮬레이터를 사용하여 용접성을 시험하는 방법이다.

표 6.2 용접성 시험의 종류

<table>
<tr><td rowspan="7">용접성 시험</td><td rowspan="5">기본 용접성 시험</td><td>화학조성분석시험</td><td>습식분석, 기기분석, 가스분석</td></tr>
<tr><td>조직시험</td><td>매크로(macro)조직시험
미세(micro)조직시험</td></tr>
<tr><td>소재용접성시험</td><td>경화성시험,연성시험,굽힘시험,인성시험등</td></tr>
<tr><td>용접균열시험</td><td>저온 균열시험
고온 균열시험
재열균열시험</td></tr>
<tr><td>용접재료 용접성시험</td><td>용접 환경 및 작업성
일반 물성시험
수소량 측정시험등</td></tr>
<tr><td rowspan="2">적용 용접성 시험</td><td rowspan="2">적용용접성시험</td><td>용접재현시험
시공 가능성 모형시험</td></tr>
<tr><td>용접절차 확인시험
생산 중 용접품질 확인시험</td></tr>
</table>

용접부에서 발생하는 기계적, 물리적, 화학적 성질의 변화나 용접 결함은 용접 접합부의 성능에 큰 영향을 미치게 된다. 그러므로 넓은 의미에서의 용접성시험에는 용접 접합부의 성능시험도 포함되어야 한다. 일반적으로 용접구조물에 어떠한 모재를 사용해서 어떠한 용접법으로 작업하는 것이 타당한가를 판단하기 위하여, 다음에 열거한 항목의 시험을 실시하여 종합적으로 평가하는 것이 중요하다.

모재와 용접재료에 대한 재질시험과 용접부에 대한 용접성 및 성능시험을 개략적으로 나타내면 다음과 같다.

● 모재의 기본 시험

- 모재의 화학성분 : 분석시험 등
- 모재의 기계적 성질 : 인장, 굽힘, 충격시험 등
- 모재의 건전성 : 표면결함, 내부결함 조사를 위한 비파괴시험 등

● 용접재료의 시험

- 용접금속의 화학성분 : 분석시험 등
- 용접금속의 기계적 성질 : 인장시험, 굽힘시험, 충격시험 등

· 용접균열 감수성 시험
· 용착금속의 수소량 시험
· 용접재료의 작업성 시험

● 용접성시험
· 용접 경화성 및 연성시험 : 열영향부 경도시험, 조직시험 등
· 용접 균열시험

● 접합부 성능시험
· 건전성 : 비파괴시험, 접합부 단면 관찰시험 등
· 기계적 성질 : 피로시험, 인장시험, 취성파괴, 굽힘시험 등
· 기타 : 고온성능, 가공성, 내식성, 내마모성 등

6.2.2 재질 및 용접부의 성질시험

6.2.2.1 재질시험

1) 화학분석 시험

모재의 화학조성은 기분 화학성분, 불순물, 가스성분 등으로 구성되어 있으며, 그 분석 방법으로는 습식화학분석(wet chemical analysis), 기기분석(instrumental analysis), 가스분석(gas analysis) 등이 있다. 모재의 화학성분은 용접부의 사용목적, 시공방법, 형상, 기계적 성질 등에 따라 정해지고, 또한 대략의 용접성을 평가하는 척도로 사용된다.

화학성분을 고려하는 경우에 특히 C의 양은 다른 화학성분에 비하여 기계적 성질에 미치는 효과가 크다. 그러므로 강의 용접성에 미치는 화학성분의 영향을 나타내기 위해서는 탄소의 양을 위주로 하고 그 외 다른 화학성분을 포함하는 다양한 형태의 수식이 활용되고 있다. 구조용강의 용접성 특히 열영향부의 경화성을 나타내는 척도로서는 탄소당량(carbon equivalent), C_{eq}가 자주 이용되고 있다. 탄소당량에 관하여는 다양한 식들을 접할 수 있으며, 몇가지 대표적인 예를 들자면 아래와 같은 식들을 들 수 있다. 국제 용접협회규격(IIWIX-G)의 식 6.1과 일본용저협회규격(WES 3001)의 식 6.2는 포괄적으로 균열 발생 여부와 용접 열영향부의 경화성에 주안점을 두고 있으며, 식 6.3과 6.4는 저온 균열감수성을 평가하는 경우에 해당된다.

그리고 식 6.5는 열영향부의 경화성을 고려할 경우에 사용된다. 이 중에서 식 6.3의 경우에는 C_{eq}값이 40을 넘는 경우에는 비드에서 저온균열이 발생할 가능성이 많은 것으로 판단하고 있다.

$$C_{eq} = C + \frac{Mn + Si}{6} + \frac{Cr + Mo + V}{5} + \frac{Cu + Ni}{15} \quad \cdots \ 6.1$$

$$C_{eq} = C + \frac{Mn}{6} + \frac{Si}{24} + \frac{Ni}{40} + \frac{Cr}{5} + \frac{Mo}{4} + \frac{V}{14} \quad \cdots \ 6.2$$

$$C_{eq} = C + \frac{Mn}{6} + \frac{Cr}{10} + \frac{Mo}{50} + \frac{V}{10} + \frac{Cu}{40} + \frac{Ni}{20} \quad \cdots \ 6.3$$

$$C_{eq} = C + \frac{Mn}{6} + \frac{Si}{24} + \frac{Mo}{29} + \frac{V}{14} + Zero \cdot Cr \quad \cdots \ 6.4$$

$$C_{eq} = C + \frac{Mn}{6} + \frac{Si}{24} + \frac{ni}{15} - \frac{Cr}{5} + \frac{Mo}{4} \quad \cdots \ 6.5$$

이러한 탄소당량식들은 실험적으로 결정된 것이므로 대상이 되는 강종이나 실험방법에 따라서 약산씩 차이를 나타낼 수 있으며, 이 밖에도 다양한 식들이 제안될 수 있다. 이러한 탄소당량은 균열 발생가능성이나 열영향부의 경화정도를 나타내므로 용접성의 평가에 효과적이다. 또한 이 값에 의하여 용접성을 향상시키기 위한 방법으로써 모재에 예열을 하여야 하는 경우에는 예열온도의 평가 수단이 되기도 한다. 예를 들어 탄소당량을 식 6.6과 같이 정의하는 경우, 예열온도 T_0는 식 6.7을 이용하여 결정할 수 있으며, 예열 효과에 의하여 균열의 발생을 방지할 수 있다고 하였다. 단, 이 식은 제한적으로 적용되며, 식에 적용되는 범위는 아래에 나타낸 바와 같다.

$$C_{eq} = C + \frac{(Mn + Mo)}{10} + \frac{(Cr + Cu)}{20} + \frac{Ni}{40} \quad \cdots \ 6.6$$

$$T_0 = 700 \cdot C_{eq} + 160 tanh\left(\frac{d}{35}\right) + 62 HD^{0.35} + (53 \cdot C_{eq} - 32) Q - 330 \quad \cdots \ 6.7$$

C_{eq} = 0.2~0.5%

d (판재의 두께) = 10~90mm

HD(용착금속의 수소량 $[ml/100g - DIN8572]$) = 1~20

Q(용접입열) = 0.5~4 kJ/mm

$Y.S$(항복강도) ≤ 1000 N/mm^2

화학조성 : C = 0.05~0.32, Nb ≤ 0.06, Si ≤ 0.8, Ni ≤ 2.5, Mn = 0.5~1.9,

Ti ≤ 0.12, Cr ≤ 1.5, V ≤ 0.18, Cu ≤ 0.7, B ≤ 0.005, Mo ≤ 0.75

또한, 저합금강의 용접균열 감수성을 나타내는 균열지수(cracking parameter)는 식 6.8과 같이 P_{CM} 이 이용되고 있으며, 이 식은 적용되는 강종 및 판의 두께에 따라 달라진다.

$$P_{CM} = C + \frac{Mn}{20} + \frac{Si}{30} + \frac{Ni}{60} + \frac{Cr}{20} + \frac{Mo}{15} + \frac{V}{15} + \frac{Cu}{20} \quad \cdots \ 6.8$$

위의 식들에서 알 수 있는 바와 같이, 용접 열영향부의 경화성이나 균열 감수성에 대해서는 특히 탄소량의 영향이 지배적이라고 할 수 있다. 이와 더불어 용접균열 중에서 고온균열 감수성을 평가하는 지수로서는 식 6.9와 같이 나타내는 경우가 있다. 이 식은 Wilkinson 등이 제안한 것으로, HCS(Hot Cracking Susceptibility)의 지수로 나타낸다. 이 식에 의하면 HCS가 4이하인 경우에는 균열의 위험성이 거의 없는 것으로 알려져 있으며, 이 중에서 특히 C, P, S의 함유량이나 편석이 주된 영향을 미치는 것으로 알려져 있다.

$$HCS = \frac{C \times (P + S + Si/25 + Ni/100)}{(3Mn + Cr + Mo + V)} \times 10^3 \quad \cdots \ 6.9$$

식 7.10과 7.11은 재열 균열 감수성을 예측하는데 많이 활용되는 식을 나타낸 것이다.

$$\nabla G = Cr + 3.3Mo + 8.1V - 2 \ (\%) \quad \cdots \ 6.10$$

$$P_{SR} = Cr + Cu + 2Mo + 10V + 7Nb + 5Ti - 2 \quad \cdots \ 6.11$$

이외에도 여러 금속재료에 대하여 화학성분이 용접성에 미치는 영향을 나타내는 다양한 수식들이 제안되어 있다.

6.2.2.2 조직시험

모재의 조직, 결정립도 및 비금속 개재물 등은 기계적 성질에 매우 중요한 영향을 미친다. 일반적으로 모재의 조직 및 순도를 조사할 때에는 매크로 조직 시험편을 채취하여 수지상 응고조직, 결정립도, 편석, 다공질 여부, 기포, 개재물 또는 균열 등의 결함을 관찰한다. 이러한 조직 시험은 용접접합부에 대해서도 동일하게 이루어진다. 결정립도를 조사하는 방법에 대해서는 ASTM E112-63에 규정하고 있다. 모재의 순도를 평가하는 방법 중에서 비금속 개재물에 대하여는,

A계 개재물 : 가공에 의하여 점성 변형된 것

B계 개재물 : 가공방향에 따라서 불연속적으로 입상의 개재물이 줄지은 것

C계 개재물 : 점성변형을 하지 않고 불규칙으로 분산하는 것으로 구별하고, 개재물이 자리잡은 격자점의 수에 따라서 면적률을 산출하여 강의 순도를 평가한다.

3) 기계적 성질

용접부는 용융 및 응고 등의 열이력에 따라서 본래의 모재와는 다른 조직적, 기계적 특성을 가지게 된다. 용접부의 기계적 성질의 변화는 용가재의 사용시에 용착부에서 일어나는 화학반응, 불순물의 유입, 동적인 응고과정 및 큰 온도기울기 등으로 모재의 특성에 예상치 못할 정도의 변화가 일어나기도 하며, 모재에서 발생되는 화학성분의 변화나 조직의 변화가 모재의 강도, 연성 등을 저하시킬 수도 있다. 예를 들어 구조용강 등의 열영향부의 경화조직은 특히 저온균열 발생의 원인이 되기도 하므로, 특정한 용접법 및 시공조건에서 경화성을 비교 평가하여 제한된 범위의 강에 대해서 저온 균열발생의 경향을 정설적으로 평가할 수 있다. 이 밖에도 강재의 사용 목적에 따라 내마모성, 인성, 굽힘가공성, 내열성 등을 조사하기 위해서 일반적으로 시행되는 시험으로는 인장, 압축, 마모, 굽힘, 비틀림, 충격, 경도, 크리프 시험 등이 있다.

(2) 용접부 재현시험

이 방법은 용접부의 조직, 경화 및 연화, 균열 감수성 등의 제반 성질을 간편하고 체계적으로 조사하는 시험 방법으로서 실제 용접부를 재현하는 시험 방법이라 할 수 있다. 소형의 시험편에 용접 열사이클을 재현하여 용접용 CCT 곡선(Continuous Cooling Transformation diagram : 연속냉각 변태곡선)을 작성하거나, 열영향부를 재현하여 냉각조건에 따른 미세조직 및 경도시험, 상온 및 고온 연성시험, 용접열사이클 구속응력・변형시험, 균열재현시험 등을 실시한다. 이 시험 방법은 실제 용접물을 만들기 전에 용접시에 발생하는 여러 가지 현상을 예비적으로 검토할 수 있는 장점을 가지고 있으며, 용접시 국부적으로 만들어지는 열영향부 등

에서 영역을 세분하여 균일한 성질의 시험편을 만들 수 있는 등의 장점이 있지만, 대체로 고가의 장비가 사용된다.

재현 열영향부를 이용한 기계적 시험에는 재현 열사이클을 환봉 시험편에 적용시켜 상온이나 고온에서 인장 또는 압축시험을 하거나, 열사이클을 재현한 시험편을 이용하여 상온에서 경도 등을 측정하기도 한다. 또한 재현 열사이클을 시험편에 적용시킨 후 시험편 중앙에 V 노치를 만들고 행해지는 Charpy 충격시험을 하는 충격인성시험 등도 있다. 고온 연성시험은 용접 열사이클의 가열 및 냉각 중의 짧은 시간에 고온 인장시험을 하여, 그 상태에서의 연신이나 수축 정도를 측정하는 방법 등으로 활용되고 있으며, 이러한 방법에 의하여 스테인리스강이나 내열합금 등의 고온균열 감수성을 평가하기도 한다.

용접 열사이클 응력·변형 시험장치는 열구속 시뮬레이터라고도 부르며, 용접시 또는 용접후의 열처리나 접합부가 사용 목적에 적용될 때 발생하는 열사이클, 구속응력, 분위기의 조합 등을 동시에 재현할 수 있다. 또한 위에 열거한 인자들을 독립시켜 적용하기도 하며, 각각의 독립인자가 용접부의 용접성 또는 균열 등에 미치는 영향을 평가할 수 있다.

(3) 용접부 경화성시험

실제 용접부에서 경도를 측정하고, 그 경화정도를 고려하여 용접성을 평가하는 시험이다. 경도 측정법은 용접성을 평가하는 가장 단순한 방법이면서, 다른 용접성 시험의 결과를 예측할 수 있는 기초적인 시험법이다. 강의 경도시험은 Brinell, Vickers, Micro-Vickers, Knoop, Rockwell 경도시험법 등이 있으며, 각기 적용압자와 하중에 의한 재료의 압흔의 크기로 경도를 평가한다.

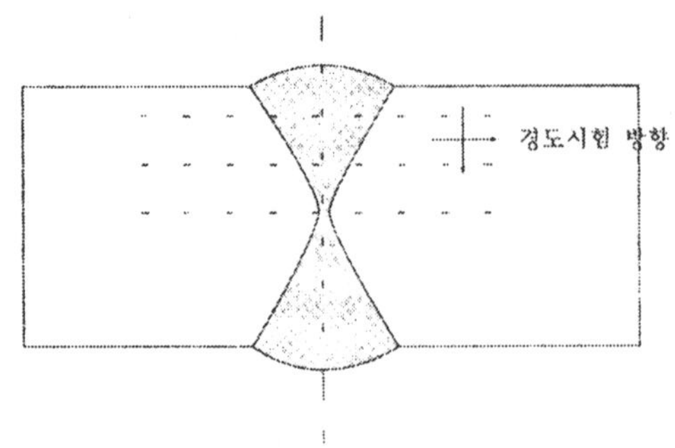

그림 6.1 용접부의 경도 시험

시험편은 먼저 시험검사가 이루어질 면을 연마하고 부식시켜 용접부나 열영향부를 확인하고, 관심있는 영역의 경도를 측정한다. 용접부의 경도시험은 그림 7.1과 같이 고려 대상이 되는 지역에서 적당한 간격을 유지하면서 시험편의 표면으로부터 내부로 내려가면서 또는 용접부를 횡단하는 방향으로 측정하는 것이 일반적이다. 경도 측정 방법을 좀더 구체화하여 강재의 경화 정도를 조사하는 시험으로, 열영향부의 최고경도 시험법과 용접 열영향부의 테이퍼 경도 시험법이 있다.

열영향부의 최고 경도시험법은 그림 6.2에 나타내는 것과 같이 지정된 규격의 시험편에 피복아크 용접봉을 사용하여 표준 용접조건으로 길이 125mm의 직선 용접비드를 만들고, 용접비드 중앙 세로단면의 비드에 접하고 모재 표면에 평행이 되도록 하여 열영향부의 경도 분포를 측정하여 최고 경도를 구하는 시험 방법이다. 이 방법에서 열영향부의 최고 경도가 얻어지는 위치는 반드시 용접부에 인접한 부위로 제한하지는 않는다. 왜냐하면 종종 Q-T 처리강 등에서는 접합부에 인접하지 않은 열영향부에서도 최고 경도값이 나타나는 경우가 있기 때문이다. 시험편은 매크로조직이 관찰될 수 있는 정도로 부식하고 Vickers 경도기를 이용하여 98N의 하중으로 0.5mm간격을 유지하면서 열영향부와 주변 영역에 대하여 7회 이상의 측정을 하는 것이 일반적이다.

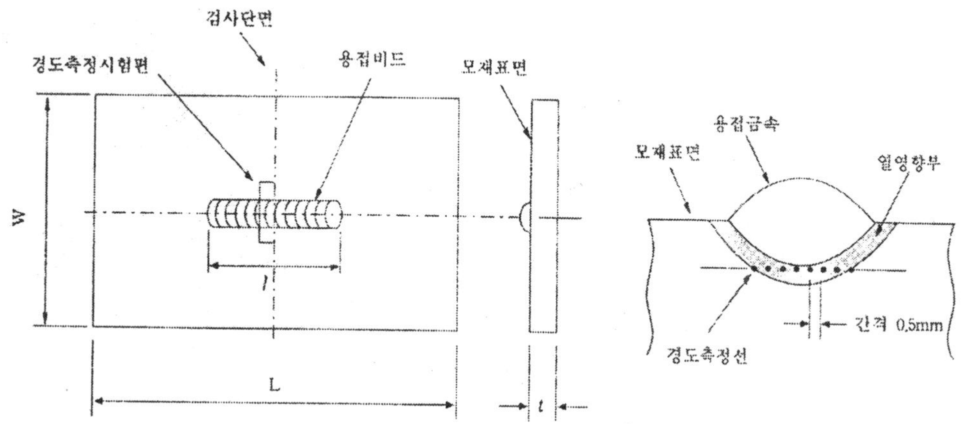

단위(mm)

항목	L	W	I	비 고
1호 시험편	약 200	약 75	125	실온 용접용
2호 시험편	약 200	약 150	125	예열 용접용

그림 6.2 용접 열 영향부의 최고 경도 시험편(KS B 0893)

(4) 용접부 연성시험

용접부의 연성시험 방법으로는 일반적으로 굽힘시험이 사용된다. 굽힘시험 방법은 연성과 동시에 용접접합부의 건전성을 평가하는데도 활용되며, 크게 형굽힘시험과 자유굽힘 시험 등으로 구분된다. 형굽힘 시험은 용접공정이나 용접작업자의 용접 수행 능력을 평가하기 위하여 가장 많이 활용된다. 시험에 활용되는 시험편의 규격은 용접물이 설치되는 분야와 관련된 규정에 의존하여 결정된다. 굽힘시험시 시험편의 외부에 적용되는 변형량은 식 6.12에 의하여 대략적으로 산출할 수 있다.

$$\varepsilon = \frac{100t}{2R+t} \quad \cdots \quad 6.12$$

여기서, ε은 변형률, t는 굽힘시험편의 두께, 그리고 R은 굽힘시 내부의 반경을 나타낸다. 작업능력시험을 위한 목적인 경우는 시험에 선택된 재료의 연성에 따라 다르지만, 건전한 연강의 모재에 적용할 경우 20%정도의 연신율을 나타내어야 한다.

6.2.3 용접 균열시험

용접성 중에서 가장 중요하게 고려해야 할 사항 중의 하나는 용접부에서 발생하는 균열이라고 할 수 있다. 용접균열은 접합부의 품질 및 성능에 매우 중요한 영향을 미치는 용접결함 중의 하나로서 발생하는 온도, 시기 및 위치에 따라서 그리고 발생기구 등에 의하여 분류된다. 일반적으로 발생하는 온도와 시기에 따라서는 크게 고온균열과 저온균열로 대별된다. 고온균열은 용접시에 용융부가 응고하면서 발생하는 것과 응고 완료후의 고온에서 발생하는 균열을 의미하고, 전자를 응고균열, 후자를 연성저하균열이라고 한다. 그리고 재결정온도 이하의 비교적 저온 또는 실온 부근에서 발생하는 균열을 저온균열이라고 하며, 수소에 기인하는 지연균열이 여기에 속한다.

균열 발생 위치별로는 용접금속 균열과 모재에서 발생하는 용접열 영향부 균열 및 모재 균열로 분류되고, 또한 균열 발생에 미치는 다양한 영향인자 등에 따라서 부르는 방법이 다르다. 균열 크기에 따라서는 육안에 의하여 구별되는 매크로균열과 광학현미경 등을 이용하여 관찰되는 미세균열 등이 있다. 그리고 균열의 발생 및 진전 경로가 입계를 따라 발생하는지 또는 입내를 관통하는지에 따라서 입계균열과 입내균열로 구분할 수 있다. 용접금속에서 발생하는 균열로는 크레이터 균열과 비드 균열 등이 있으며, 다시 이러한 균열들은 용접선에 대하여 평행한 경우에는 종균열이라 하고, 용접선에 대하여 수직하게 발생한 경우는 횡균열이라고 한다. 열영향부의 균열에는 비드밑 균열, 루트 균열 또는 라멜라테어 등이 있다.

6.2.3.1 용접균열의 발생기구에 의한 분류

6.2.3.1.1 저온균열

저온균열로서는 지연균열이 많이 알려져 있으며, 균열의 주된 원인이 수소에 의한 것이기 때문에 수소유기균열이라고 부르기도 한다. 수소균열은 용접부에만 국한된 것은 아니며, 용접 공정으로 인한 수소균열은 주로 모재의 열영향부 또는 용접금속에서 발생한다. 이러한 저온균열은 수소와 내부응력 및 미세조직 등이 상호 복합적으로 작용하여 발생한다.

저온균열의 발생 온도범위는 구조용강에서는 약 150℃이하 그리고 다른 강에서는 250~300℃이하에서 주로 발생하는 것으로 알려져 있다. 이와 같이 수소에 의한 균열이 저온에서 발생되는 원인은, 용접시에 주위 환경, 용가재 등으로부터 유입된 수소가 용접부가 냉각되면서 수소의 용해도가 급격히 감소됨에 따라 방출되지 못한 다량의 수소가 과포화 상태로 용접부에서 존재하기 때문이다. 이렇게 잔류한 다량의 수소는 확산성 수소로서 주위에 잔류 인장응력이나 취약한 조직이 공존하면 균열의 위험은 더욱 증대된다. 따라서 저온균열을 방지하기 위해서는 소모재나 주위 분위기로 부터의 수소의 혼입을 근본적으로 방지해야 하는 것과 아울러 용접이 완료된 후에 용접부에 잔류한 다량의 수소가스가 외부로 방출될 수 있도록 적절한 후열처리를 하는 등의 방법을 사용한다.

6.2.3.1.2 고온균열

고온균열은 용접 중 혹은 용접 후의 고온에서 용접부의 자기수축과 외부변형 등에 의해 발생하며, 균열의 경로는 일반적으로 입계에서 발생, 진전한다. 고온균열은 발생 원인이 편석에 의한 것인지 편석과는 무관하게 단지 연성의 저하에 의한 것인지에 따라 응고균열과 연성저하 균열로 구분되며, 편석에 의한 균열이라 할지라도 발생위치가 용융선과 열영향부에 국한되어 있는 경우에는 액화 균열로 구분할 수 있다.

고온균열은 용융용접 과정에서 용접금속이 응고 중 및 응고직후에 낮은 연성을 취하는 온도영역을 통과하게 되며, 이 온도범위에서 불가피하게 발생하는 내부적

수축과 외형적 변위가 한계 변형을 초과할 경우에 인장변형이 유발되면서 균열이 발생하게 된다. 즉, 고온균열의 발생은 응고과정 중 용접 합금의 화학적 조성에 따른 낮은 연성 성질과 용접과정 중의 용접입열, 접합부의 형상 등으로 인한 열적 변형 현상과 깊은 관련이 있다. 용접금속의 고온균열 시험도 역시 외부적 변형과 자체 구속을 통한 시험으로 나눌 수 있다. 자체구속 시험법은 낮은 연성 영역에서의 성질과 용접중에 생긴 열변형을 동시에 고려할 수 있어 매우 효과적이며, 외부적 변형을 이용한 경우에는 낮은 연성 성질을 정량적으로 고려할 수 있다.

고온균열은 응고하는 온도에 따라 실제 고상선이상에서 발생하는 균열과 고상선 온도 이하에서 발생하는 균열의 두가지로 분류된다. 여기서 실제 응고선은 재료의 열분석에 의한 고상선보다는 낮고, 또한 응고수지상 입계 내의 액상이 더 이상 존재하지 않는 온도를 말한다. 고상선 이상에서 발생하는 균열은 주로 응고상 입계에 존재하는 잔류 액상 필름에 의하며, 그들의 모양, 특성과 양에 기인한다. 반면 고상선 이하 균열은 응고가 완료된 수 편석, 석출물, 입계의 미끄럼 현상 등에 의한 이동입계의 분리를 통하여 발생한다.

6.2.3.1.3 재열균열

재열균열은 용접후 열처리과정 또는 용접구조물이 고온에서 사용 중에 발생하는 것인데, $Ni-Cr-Mo$, $Cr-Mo$, $Cr-Mo-V$ 등 페라이트계 고온용 저합금강, Ni기 내열강 등에서 종종 관찰된다. 재열 균열은 대부분 약간의 소성변형을 포함하는 입계균열의 양상을 띠며, 크리프 파괴의 현상과 유사하여 고온에서 크리프연성의 부족으로 인해 발생되는 것으로도 알려져 있다. 균열은 주로 열영향부에서도 특히 용융선에 인접한 입계성장이 이루어진 국부적인 조대입계 영역에서 발생하여 입계를 따라 진전한다. 균열의 원인은 후열처리 중 또는 고온에서 사용중에 발생하는 잔류응력의 이완에 따른 소성변형이 응력집중부에 집적하고, 여기에 입내 석출물 및 입계의 불순물 등이 복합적으로 작용하여 발생하는 것으로 알려져 있다.

6.2.3.2 용접균열 시험법

용접부에서 발생하는 균열은 발생위치와 온도 또는 기구에 따라서 구분된다. 이들 균열의 발생은 여러 인자가 중복되어 복합적으로 발생하는 경우도 있으므로, 일정한 시험방법에 의해서 균열감수성을 평가하는 것이 곤란한 경우가 많다. 그러므로 다양한 균열시험법 중에서 균열의 발생형태, 특징 등에 따라서 적절한 시험 방법을 선택하여야 하며, 또한 특정 균열에 대한 시험법은 한가지로 제한되지 않고 여러 가지 방법을 사용할 수도 있다. 용접부에서 발생하는 균열에 대한 시험법 중에서 지금까지 비교적 많이 사용되고 있거나 중요하다고 생각되는 것을 발생온도에 따른 균열별로 소개하였다.

6.2.3.2.1 고온균열시험법

① 재현열사이클에 의한 고온연성 시험법

용접열사이클을 재현하여 고온균열과 관련이 있는 고온연성을 검토하는 시험법이다. 용접열사이클의 재현은 직접 통전에 의한 저항발열과 고주파에 의한 가열방식에 의해서 주로 이루어진다. 이들 양 방식에 의한 장치는 고온균열 관련 뿐만 아니라, 저온균열이나 재열균열에 대한 검토에도 많이 이용되고 있다. 이들 장치에 의한 고온연성시험에서 주로 사용하는 방법은 가열과 냉각 도중에 인장 또는 압축 변형을 가하여, 파단시의 강도와 연성 등을 측정하는 것이다.

응고 중의 강도와 연성에 대한 시험법으로서는 고주파가열방식을 이용한 응고사이클 고온인장시험이 있다. 여기에 사용되는 시험법 및 장치로서는, 바텔 고온인장시험(Battelle hot tension test)과 MTC(Metal Thermal Cycle) 시뮬레이터가 있다.

②바레스트레인트 균열시험법

바레스트레인트 균열시험법(Varestraint crack test)은 Savage 등에 의하여 개발된 것이다. 이 시험법은 원래 고장력강 등의 용융경계부에 인접한 열영향부의 고온균열 감수성을 평가하기 위하여 고안된 것으로, 용접 금속에서 발생하는 고온균열도 동시에 평가할 수 있다. 시험편의 형상 및 시험방법의 개략을 그림 6.3에 나타내었다. 시험편은 외팔보의 형태로 그한편이 고정척에 부착되며, 비드용접을 고정척의 방향으로 진행시켜 (A)의 위치에 도달하였을 때 하중 F로 시험편에 급속 굽힘변형을 가한다. 이 때 시험편의 이면이 (B)블록과 밀착되도록 하는 것이 중요하며, 변형을 가한 후에도 아크는 그대로 일정거리를 진행시킨다.

시험편에 부가하는 스트레인 ε은 개략적으로 (t/2R)로 주어지며, 여기서 t는 시험편의 두께, R은 (B)블록의 곡률반경을 나타낸다. 시험편에 부가되는 변형량은 여러 종류의 곡률반경을 가지는 블록으로 변화시킨다. 부가 스트레인을 어느 한계치 이상으로 설정하면, 균열은 용융풀 후단의 응고 취성온도 영역에서 발생한다.

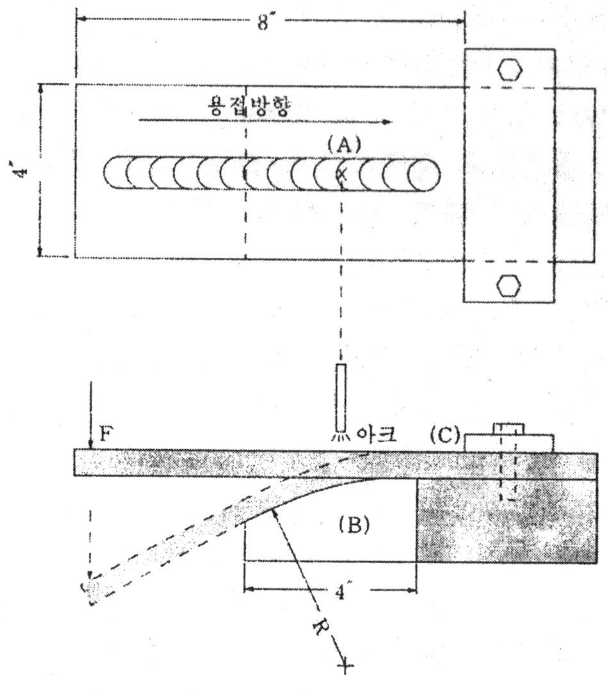

그림 6.3 바레스트레인트 균열 시험법

균열감수성을 정량적으로 평가하는 지표는 다음과 같은 것들이 있다.

· 균열발생 한계 스트레인 : 균열이 발생하는 최저 부가 스트레인

· 최대 균열의 길이 : 균열 중에서 최대 길이를 가지는 균열의 길이로, 이것은 응고취성온도 영역의 폭을 나타낸다.

· 총 균열의 길이 : 발생한 모든 균열의 길이를 더한 것으로 가장 평가하기 쉬운 지표이다.

한편, 바레스트레인트시험에 의하면 균열이 용접금속과 열영향부에서 동시에 발생할 수 있다는 점에 대하여, 주로 용접금속에서 발생하는 균열만을 재현하기 위하여, 용접선에 직각방향으로 굽힘변형을 가하는 트랜스식 바레스트레인트 시험법도 개발되어 있다. 이 시험법은 그 개요도를 그림 6.4에 나타내는 바와 같이 바레스트레인트 시험법과 거의 동일하다.

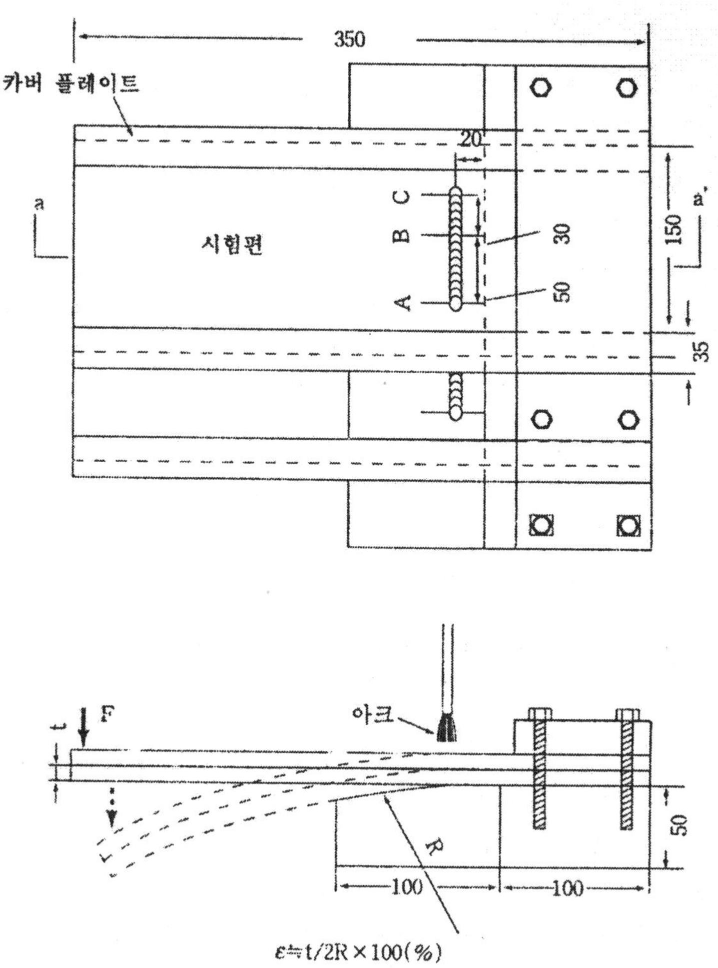

그림 6.4 트랜스식 바레스트레이트 균열 시험법

또한 바레스트레인트 시험은 시험편의 크기가 작고, 두께가 얇은 것에 적용할 수 있는 소형 바레스트레인트 시험, 아크스팟부용에 대한 시험 등 많은 방법이 개발되어 널리 사용되고 있다.

③ Murex형 균열시험법

Murex형 균열시험법은 전개식 필릿용접부 균열시험법으로써, 용접재료의 균열감수성을 평가하는데 많이 사용한다.

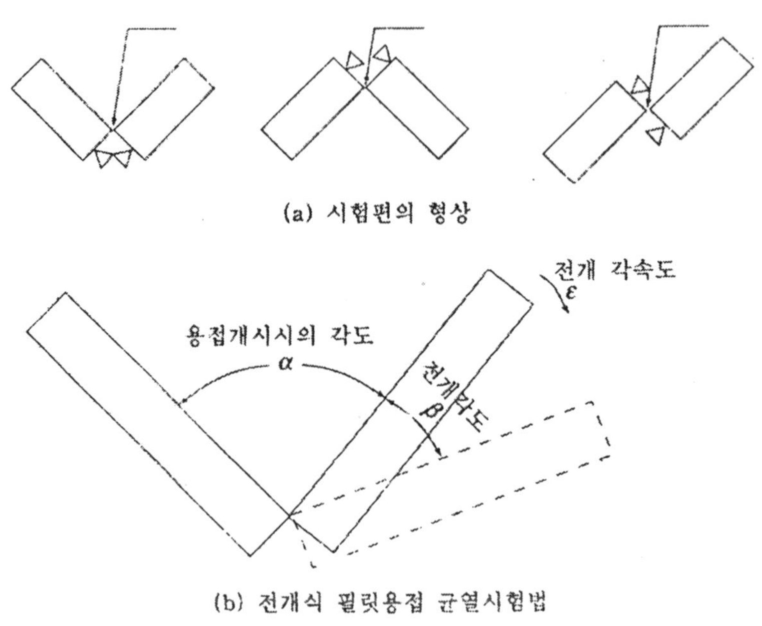

그림 6.5 전개식 필릿용접 균열시험법

시험방법은 그림 6.5에 나타내는 바와 같이, 시험편의 형상을 유지한 상태로 필릿용접을 하고, 시험편의 한쪽 또는 양쪽 판에 대하여 두 시험편이 접촉하는 선을 축으로 하여 면각을 변화시켜서 발생하는 균열을 평가한다. 이 시험방법의 순서는 다음과 같다. ⓐ 2개의 시험판을 소정의 면각으로 고정한다. ⓑ 아크발생후 5초 이내에 용접을 시작하고, 이와 동시에 소정의 전개 각속도로 시험판의 한쪽 또는 양쪽을 강제로 벌려가면서 용접을 한다. ⓒ 면각의 증가가 소정의 각도에 달하면, 크레이터처리를 하고 용접을 종료한다. ⓓ 용접 완료후 5분후에 시험편을 장치로부터 풀어내고, 용접부를 길이 방향으로 강제파단시켜서, 그 파면으로부터 균열의 유무 및 길이를 조사한다. 균열률은 (균열의 총길이)/(용접부의 길이)의 백분율로 평가한다. 이 때 그레이터부의 길이 및 그레이터에서 발생한 균열의 길이는 제외한다.

④ LTP 균열시험법

이 방법은 소련에서 개발된 것으로, 용접 중의 용접부에 인장변형을 가하여, 균열발생에 대한 한계속도를 구하여 균열 감수성을 평가한다.

시험편의 형상을 그림 6.6에 나타내었는데, 비드의 종균열 및 횡균열을 시험할 수 있다. 용접방법은 SMAW, GMAW, GTAW 및 SAW 등을 적용할 수 있으며, 용접 중의 임의의 위치에서 시험편의 한쪽을 일정한 인장속도로 인장하여 균열발생에 대한 한계속도를 구한다.

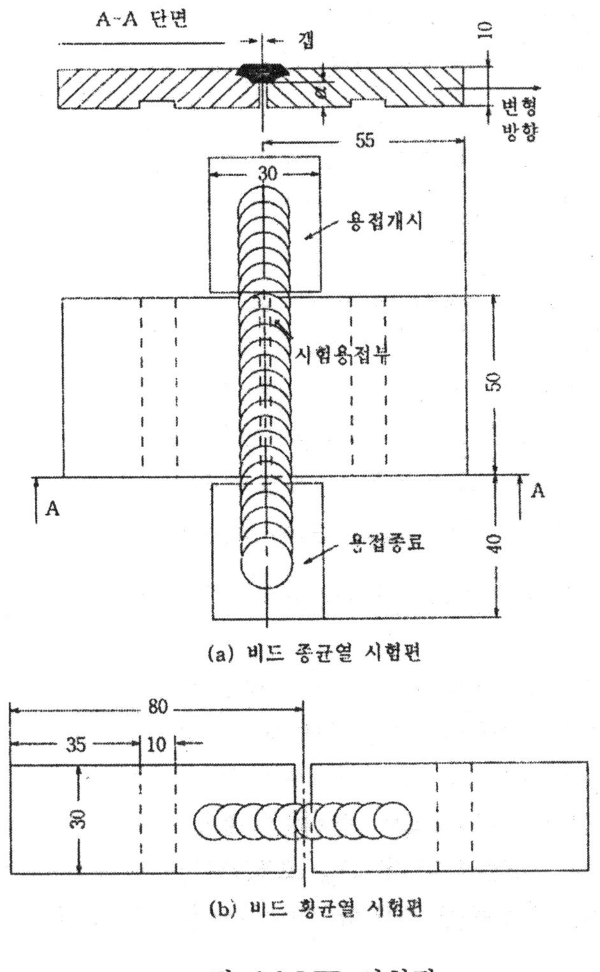

(a) 비드 종균열 시험편

(b) 비드 횡균열 시험편

그림 6.6 LTP 시험편

균열감수성은 균열발생의 한계속도가 큰 것일수록 낮다. 그리고 이 시험법은 맞대기 뿐만 아니라 필릿용접부에 대해서도 적용할 수 있다.

⑤ 가변변형속도 균열시험법

가변변형속도 균열시험법은 하나의 용접비드로 연속적으로 변형속도를 변화시킴으로써 균열발생에 대한 한계 변형속도를 정량적으로 평가할 수 있는 시험법이다.

그림 6.7에 시험법의 개략을 나타내었다. 시험편은 회전판에 고정시킨 수평판과 로드셀을 통하여 고정되어 있는 수직판으로 되어 있으며, 용접개시전에 수평판을 일정한 각속도 ω로 회전시키면서 필릿용접을 한다. 여기서 각속도 ω는 가변이며, 용접 중의 비드에 부가되는 변형속도 D는 회전중심 0으로부터의 거리를 L이라고 하였을 때, $D = L \times \omega$로 표시되며, 이 값은 용접개시부에서 회전중심까지 직선적으로 감소한다.

용접개시부에서 응고균열이 발생하게 되면, 이 균열은 용접의 진행과 함께 용융풀의 후단으로 연속적으로 진전하게 되고, 한계변형속도에 달하면 정지한다. 균열이 정지하면 회전판도 정지하며, 용접은 회전중심부 부근까지 계속 진행한다. 그러므로 이 시험에서 측정한 D_2의 값이 큰 쪽이 응고균열감수성이 작다.

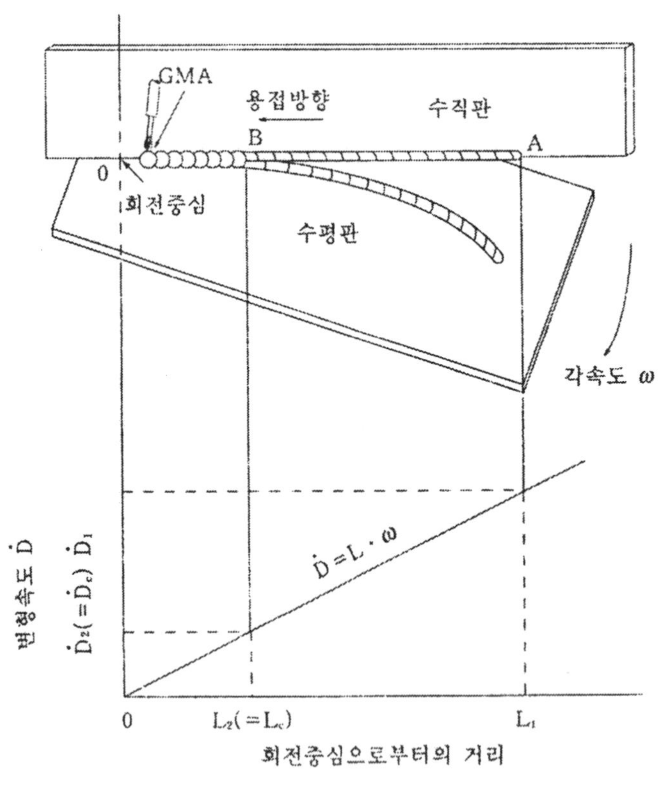

그림 6.7 VDR 균열시험법

6.2.3.2.2 저온균열 시험법

① TRC 시험법

TRC 시험(Tensile Restraint Cracking test)은 고장력강 등의 맞대기 용접부의 루트 균열에 대한 시험법이다. 시험편의 형상은 여러 종류가 있으며, 그림 6.8에 나타내는 바와 같은 1쌍의 시험편의 양단을 고정하고, 용접종료후에 일정한 인장하중을 가한 상태에서 통상 24~48시간 방치하여 균열 발생을 조사한다. 이 시험법에 의한 균열 감수성은 균열발생에 대한 한계응력과 부하시간과의 관계에 대하여 재질, 예열, 수소량 등을 변화시켜 조사한다. 예를 들어, 고장력강의 경우에는 예열온도가 높을수록, 수소량이 적을수록 균열발생시간 및 균열발생 한계응력이 높아진다. TRC 시험기의 인장하중력은 10톤에서부터 초대형시험편을 대상으로 한 2,000톤의 것도 있다.

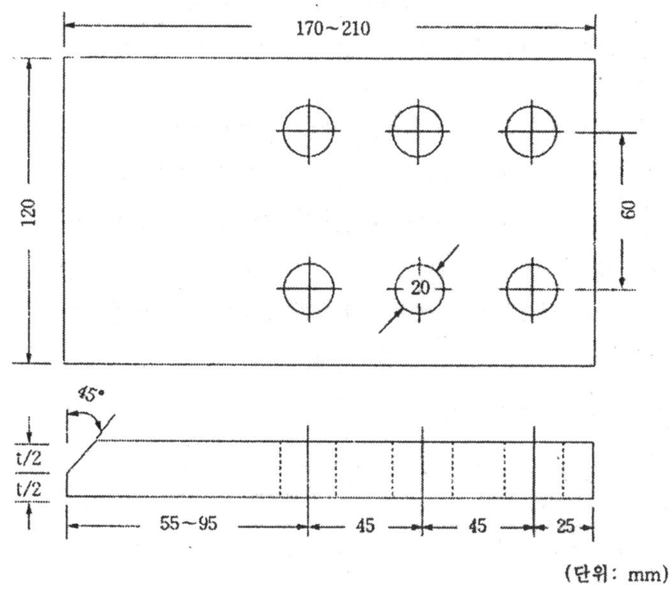

그림 6.8 TRC 시험편

용접금속내의 루트부에서 발생하는 저온균열을 검토하기 위하여, 상기한 TRC시험을 개량한 LBTRC(Longitudinal Bead TRC) 시험이 있다. 이 시험법은 인장하중력이 2~10톤 정도인 소형 시험기를 사용하며, 용접금속만을 대상으로 한 TRC 시험방식이다. 시험편의 형상 및 크기를 그림 6.9에 나타내었다. 이 시험법은 시험 모재 및 용접재료의 소모도 적기 때문에 실험실적인 검토에 편리하며, 이 시험법에 의한 결과는 루트간격이 0인 TRC 시험결과와 일치하는 것으로 알려져 있다.

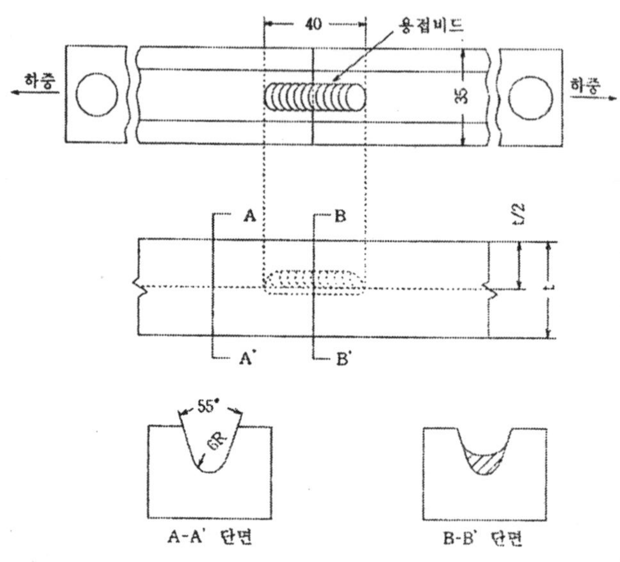

그림 6.9 LB-TRC 시험편

② RRC 시험법

RRC 시험(Rigid Restraint Cracking test)은 완전 구속 균열시험으로, 연강이나 고장력강 등의 루트균열에 대한 시험법이다. 이 시험법은 시험용접비드를 사이에 두고 모재상에 표점을 정하여, 용접 중 또는 용접후에 그 표점간을 항상 일정하게 유지되도록 하중을 자동적으로 조정함으로써 루트균열의 발생유무를 조사하는 방법이다. 시험편의 폭은 30~1000mm이며, 홈의 형상은 Y 및 y형이 주로 사용된다.

연강을 사용하여 용접개시후의 비드의 냉각곡선과 각표점거리를 일정하게 유지하였을 경우 하중의 변화 예를 그림 6.10에 나타내었다. 구속거리가 짧을수록 구속력이 크게 나타나고 있으며, 용접금속이 150~100℃이하의 온도범위에서는 구속력이 거의 일정하게 된다. 그리고 구속거리 l 이 200mm로 짧은 경우에는 파단한다. 이러한 결과로부터 용접부의 파단 한계 구속응력을 구할 수 있다. 그리고 RRC 시험에 의한 균열발생 한계곡선은 TRC 시험결과와 대체로 일치하는 양호한 상관성을 나타내는 것으로 알려져 있다.

③ Implant 시험법

Implant 시험법은 HAZ의 균열감수성을 검토하는 비교적 간편한 시험법으로 널리 이용되고 있다. 이 방법의 원리는 그림 6.11에 나타내는 바와 같이, 원주노치를 가지는 원주형 시험편을 사용하며, 노치의 가장 안쪽 부분이 용융경계부가 될 수 있도록 용접을 실시한다. 용접후 소정의 온도로 냉각하였을 때, 시험편에 일정한 하중을 부하하여 균열발생의 유무를 조사하고, 균열발생에 대한 한계응력을 구한다. 이들 결과로부터 균열발생에 미치는 용접입열, 용접재료의 수소량, 응력, 재질의 영향 등을 검토한다.

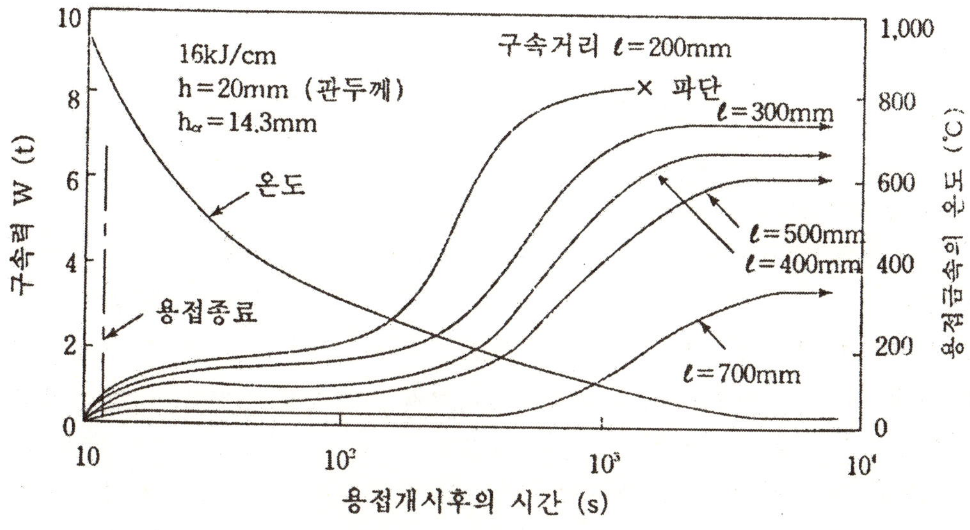

그림 6.10 연강 RPC 시험에 의한 비드의 냉각과 구속력의 변화

이 시험법은 시험재의 양이 적어도 되고, 시험이 간편하다는 장점이 있지만, 노치의 위치가 정확하게 용융경계부가 되도록 용접비드를 조절하는 것이 비교적 어렵다고 할 수 있다. 이점을 개선하기 위하여 나선상의 원주노치를 가지는 시험편이 제안되고 있으며, 그 외 노치의 형상 및 깊이, 모판의 형상 등을 개량한 여러방범이 사용되고 있다.

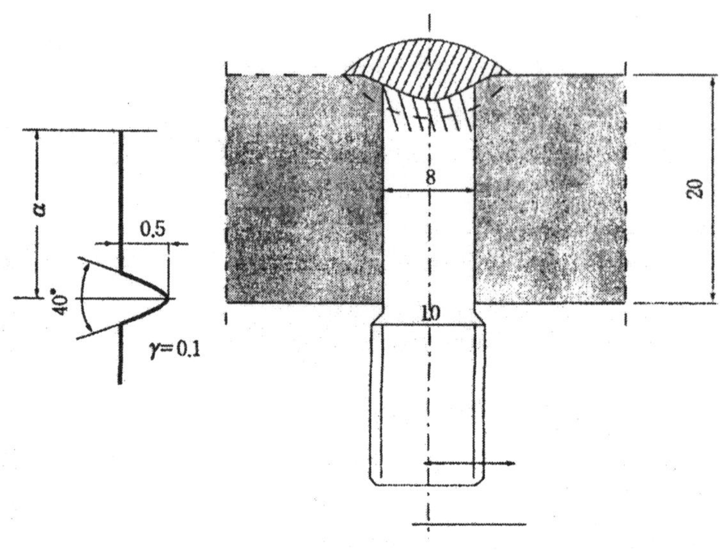

그림 6.11 Implant 시험

④ 슬릿형 균열시험법

슬릿형 균열시협법으로써 대표적인 것은 U형 및 y(또는 경사 Y)형 요접균열시험방법이 있다.

이들 시험편의 형상 및 크기를 그림 6.12에 각각 나타내었다. (a)는 Lehigh형 구속균열시험편을, (b)는 Tekken식 슬릿형 균열시험편을 개량한 것이다. 이들 시험은 모두 시험용접부가 강한 구속으로 균열이 발생할 수 있는 형상으로 되어 있다. 즉, 이들 시험편은 실제 작업이 이루어지는 용접부에 비하여 구속의 정도가 매우 크게 되어 있다. 그리고 홈의 형상에 따라서 (a)는 용접금속, (b)는 용융경계부를 따라서 균열이 발생하기 쉽다. 용접균열의 검사는 용접후 48시간 이상 경과한 후에 실시하며, 균열률은 균열의 길이와 비드길이의 비인 루트균열률과 표면균열률, 또는 균열의 높이와 비드의 목두께의 비인 단면 균열률 등으로 평가한다.

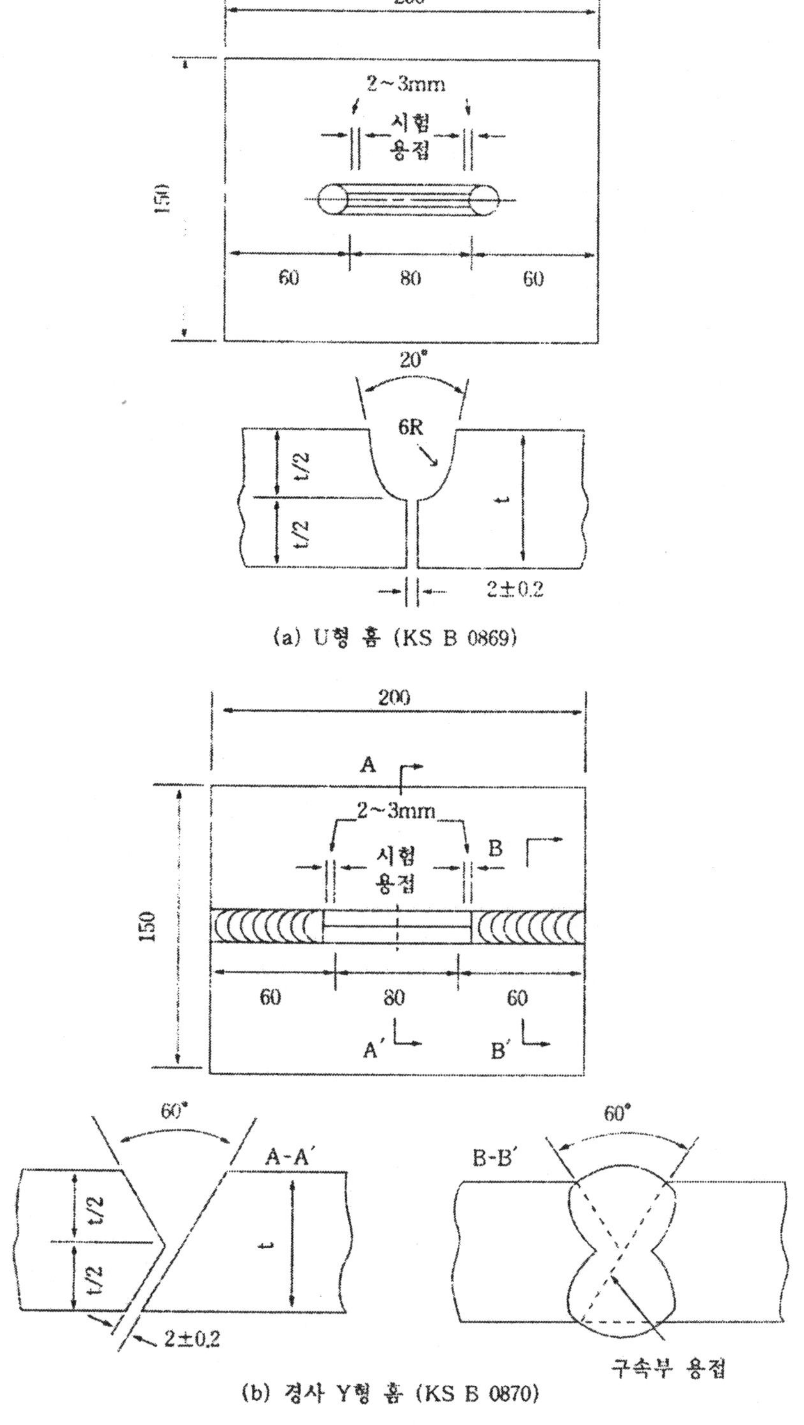

그림 6.12 슬릿형 구속 균열 시험

⑤ 창형구속 균열시험법

수소량이 많은 다층 용접금속에서는 최종층 직전의 층내에서 균열이 발생하기 쉽다. 창형구속 균열시험은 이러한 다층용접 금속내에서 발생하는 미세균열을 재현하는 시험방법이다.

시험편의 형상 및 크기를 그림 6.13에 나타내었다. 연강으로 된 구속판의 사각형 창에 횡향 맞대기 시험판을 필릿용접으로 부착하고, 시험판의 양면으로부터 실제의 용접조건에 준하는 시공조건으로 횡향 수평용접을 한다. 용접종료 수일후에 시험편을 떼어내어 용접선 중앙으로부터 2분할하여 표면을 기계연마 및 전해연마한 후, 육안 관찰, 자기, 침투법 시험 등으로 횡균열발생의 유무를 조사한다.

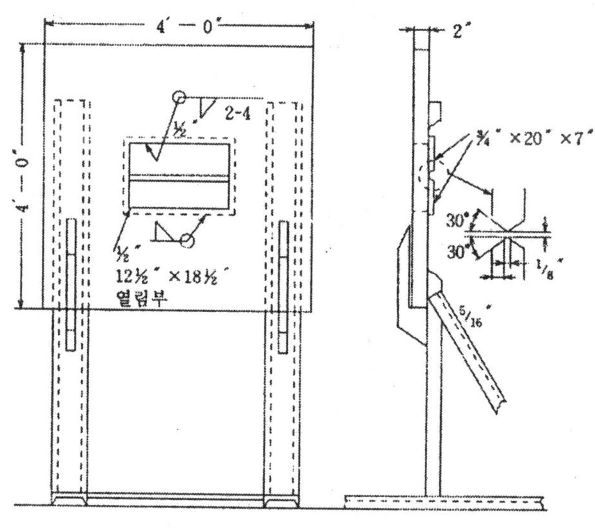

그림 6.13 창형 구속 균열 시험

⑥ CTS 시험법

CTS 시험법(Controller Thermal Severity cracking test)은 중첩이음부 용접균열 시험방법으로, 시험편의 형상 및 크기를 그림 6.14에 나타내었다. 2개의 시험판을 중첩하여 양쪽을 구속용접한 후, 좌우양면에 대하여 필릿용접을 한다. 시험용접후의 48시간 이상이 경과한 후에 2개의 시험비드의 각 3부분을 절단하고, 그 횡단면을 연마하여 균열의 유무 및 길이를 측정하여 균열률을 계산한다.

이 시험법은 초기에는 저합금강의 비드밑균열을 조사하는데 사용하였으나, 고장력강 필릿용접부의 루트 균열시험법으로써 사용되는 경우가 많다. 그러나 구속의 정도는 슬릿형 균열시험법에 비하여 작다.

⑦ 라멜라테어링 시험법

라멜라테어링에 대한 시험법은, Cranfield 시험법, 창형십자 균열시험, H형 구속균열 시험, 시험판의 Z방향 인장시험, Implant 시험과, 그 외 각종 저온균열시험 등을 들 수 있다. 각 시험법에서의 시험편의 예를 그림 6.15～6.18에 나타내었다.

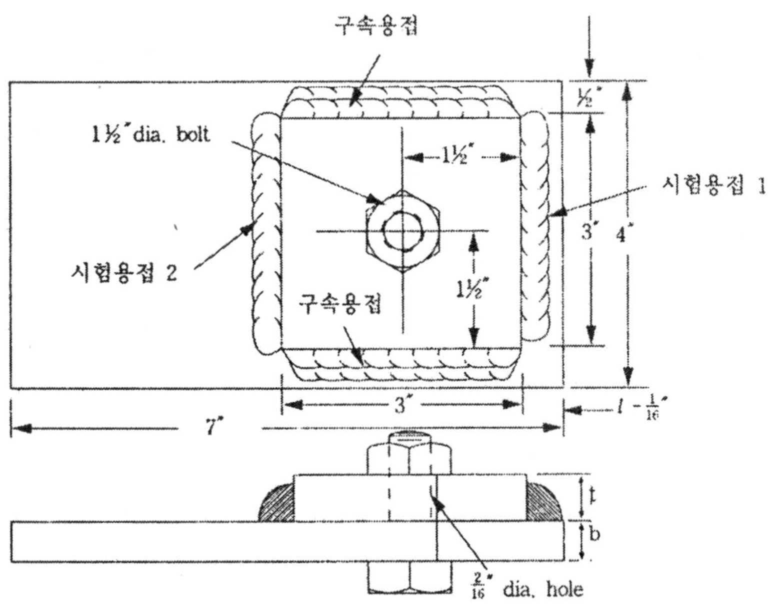

그림 6.14 CTS 시험

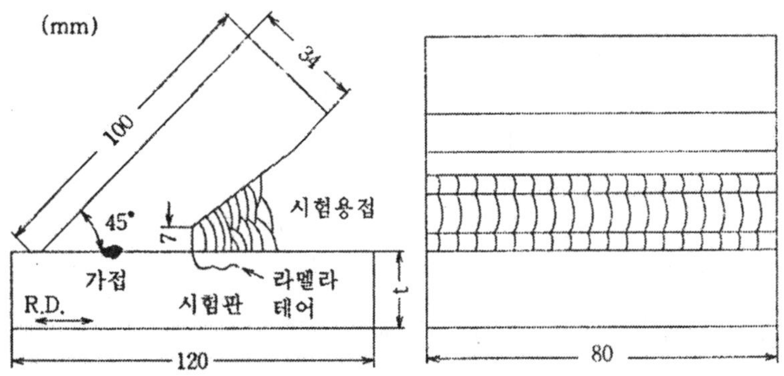

그림 6.15 Cranfield형 균열 시험편의 예

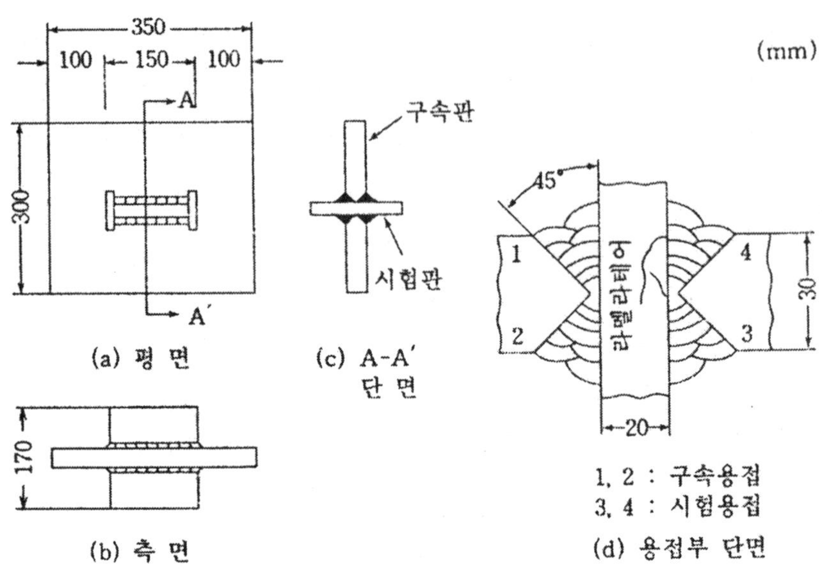

그림 6.16 창형 +자 이음부 시험편의 예

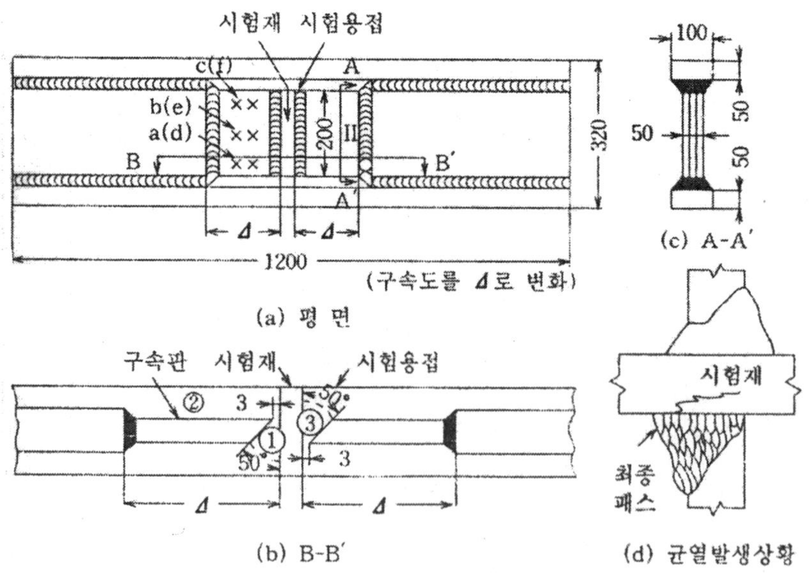

그림 6.17 H형 구속 균열 시험편의 예

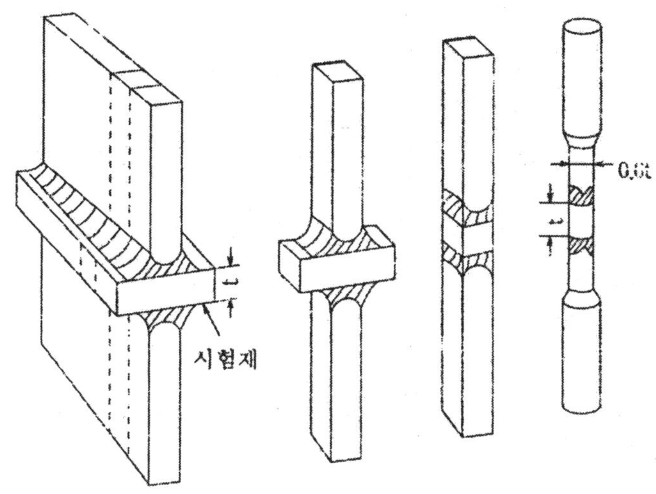

그림 6.18 판의 Z방향 인장 시험편의 예

6.2.3.2.3 재열균열 시험법

재열균열을 평가하는 시험법은 저온 및 고온균열의 경우에 비해서는 그 종류가 적다고 할 수 있으며, 또한 정리되지 못한 부분도 많이 있다. 그러나 시험법을 대별하면, 크게 외부구속형과 자기구속형으로 분류할 수 있으며, 이들을 개략적으로 설명하면 다음과 같다.

① 외부고속형 시험법

이 방법은 실용접부 또는 조립 열영향부를 재현한 시험편에 응력을 부하하여 재열균열발생을 평가하는 방법이다. 이 시험법은 부하응력을 쉽게 변화시킬 수 있다는 장점을 가지고 있으므로, 균열현상에 대한 정량적인 평가가 가능하며, 균열의 지배인자나 기구를 해명하는데 유용하다. 균열발생에 대한 평가 파라메터는 일반적으로 재현 용접후 열처리 과정에서의 재열균열발생 한계응력 또는 한계스트레인으로 하는 경우가 많다. 그리고 하중-온도 곡선도 용접후열처리과정을 재현한 곡선이 비교적 많이 이용된다. 또한 정하중하에서 재열균열감수성을 평가하는 경우도 있다.

② 자기구속형 시험법

이 시험법은 실제에 가까운 상태의 자기구속형 시험편을 사용하여 재열균열 감수성을 평가한다. 그림 6.19는 자기구속형 시험법의 일례를 나타낸 것이다. 저수소계용접봉을 사용하여 시험비드를 형성하고, 이면에 마찬가지로 저수소계용접봉을 사용하여 복수의 구속비드 패스를 형성한 후, 소정의 응력제거열처리를 실시한다. 균열률과 비드수와의 관계곡선으로부터 강재의 균열감수성을 평가한다. 균열률의 산출은 그림 (b)에 나타낸 바와 같이, 시험편을 6등분 한 후 그 5단면에 대하여 실시한다. 이 시험에 의하면, 일반적으로 구속비드의 수가 증가할수록 균열률은 증가한다. 다른 자기구속 재열균열 시험법으로써는 Y형 슬릿 저온균열 시험편을 이용한 재열균열 시험법을 들 수 있다.

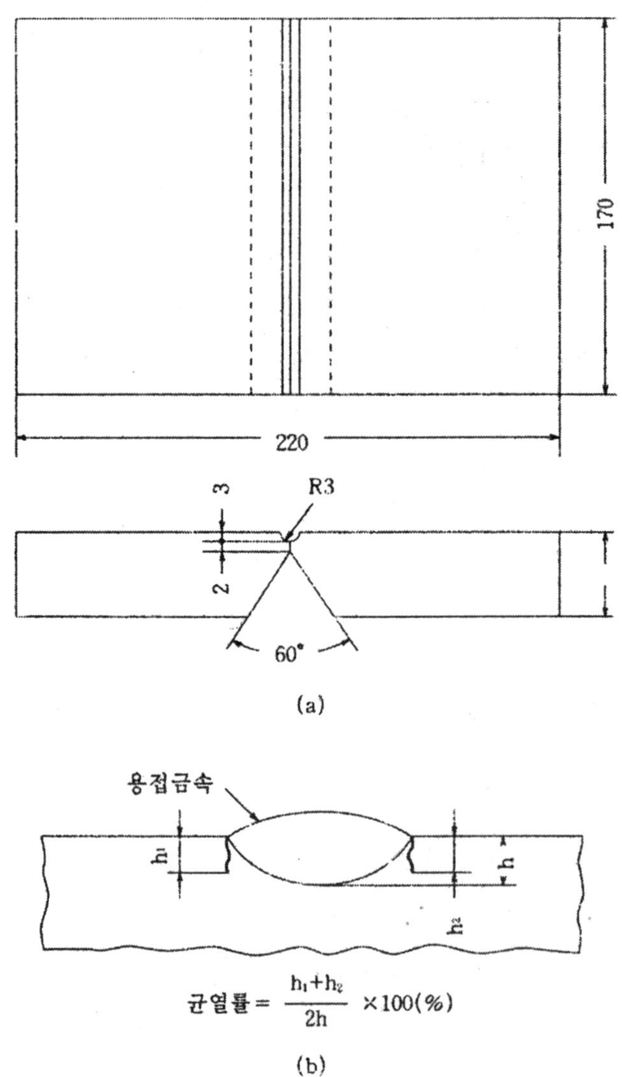

그림 6.19 자구속형 재열균열 시험편 및 균열률의 산출방법

6.2.4 용접 작업성시험

용접재료의 작업성은 용접재료를 선정하는 과정에서 용접금속의 기계적 성질을 고려하기 이전에 검토되어야 할 중요한 인자이다. 용접봉의 용접작업성이란 정해진 용접봉을 사용하여 나타나는 용접작업의 난이도로 정의되고, 이 작업성을 비교 판정하는 경우에는 그 관찰기준에 대하여 규정하고 있다. 용접봉의 작업성에 관한 판정 항목을 표 6.3에 요약하였고, 표 6.4는 각 항목에 대한 관찰기준을 나타내었다. 이러한 판정은 용접작업자의 기량, 용접법의 특성, 예를 들어 직류, 교류 등의 차이와 시험재의 재질, 용접부 홈의 종류 및 용접 조건 등에 따라서 달라질 수 있으므로, 작업성 평가의 목적에 따라 실제의 상태를 재현할 수 있어야 한다. 이러한 작업성의 판정과 함께 비드의 형상, 언더컷, 오버랩의 유무 등으로부터 용접봉의 사용성을 판정하는 것이 보통이다.

표 6.3 연강용 피복아크 용접봉의 작업성 항목

<table>
<tr><td>아크 발생의 난이도</td><td colspan="2">아크 스타성, 아크 재 스타트성</td></tr>
<tr><td>아크의 상태</td><td>아크 안전성</td><td>지속성,집중성</td></tr>
<tr><td>용융상태</td><td>아크 강도</td><td></td></tr>
<tr><td>슬래그의 상태</td><td colspan="2">용융부 부근의 형상
균일성</td></tr>
<tr><td>스패터</td><td colspan="2">유동상태
제거의 난이도</td></tr>
<tr><td>가스 및 퓸의 발생상태</td><td colspan="2">발생량</td></tr>
</table>

표 6.4 연강용 피복용접봉의 차이점

작업성 항목	관찰기준
아크 발생의 난이도	용접봉 끝을 모재의 표면에 접촉시킨 후에 단락시키는 과정에서 아크의 발생과 지속이 유지되기 쉬운가를 관찰한다. 새로운 용접봉에서 최초 발생되는 아크발생과 아크를 중단한 후 사용하던 용접봉으로 다시 아크를 발생시킬 경우에 차이점은 없는지에 대하여 비교 관찰하여 판정하도록 한다.
아크의 상태 (안정성과 강도)	용접중의 아크상태는 아크의 안정성과 강도로서 분류된다. 아크의 안정성은 다시 아크의 지속성과 집중성으로 구분되며, 아크의 지속성이란 용접 중에 아크길이나 기타의 조건이 다소 변동하여도 아크가 안정적으로 지속되는 정도가 양호한지를 나타낸다. 집중서은 용접중에 아크가 과도하게 번지거나 전후 좌우로 동요하는 정도를 의미한다. 아크강도는 아크 바로 아래 부분의 용접금속의 아크의 힘에 의하여 깊이의 정도로 평가 한다.
용융 상태	용접 중 용접 봉 끝부분의 용융상태를 관찰하는 것으로서, 피복용접봉의 끝부분에 균열이 발생하는 등의 문제점을 관찰하여 판정한다.
슬래그의 상태	용접시 슬래그의 이동상태와 용접후 비드를 피복한 슬래그의 제거를 위한 난이도를 관찰한다. 용접자세에 따라서 바람직한 슬래그의 상태는 차이가 있지만 일반적으로 용접봉의 용융이나 용접봉의 이동상태에 지장이 없어야 한다. 슬래그의 제거는 칩핑 햄머로 가볍게 두드렸을 때 제거되는 정도로 판정한다.
스패터	용접 중에 발생하는 스패터 입자의 크기, 부피 및 스패터 제거의 난이도를 관찰한다.
가스 및 용접 퓸	용접 중에 용접봉에서 발생하는 가스 및 용접 퓸의 발생정도를 관찰한다.

미국용접협회(AWS)의 연강 및 저합금강용 피복 아크 용접봉의 규격에서, 사용성의 평가는 전자세에서의 필릿용접시험으로 판정한다. 이와 같은 규정은 용접봉이 가질 수 있는 최저의 성질을 나타낸 것으로서, 실제 용접을 적용하는 구조물에서는 용접시공 조건에 따라 사용성 시험이 반드시 이루어져야 한다. 탄산가스 아크용접 등의 보호가스 아크 용접에서는 각 용접봉의 제조회사별로 사용자가 실제 시공에서 선정된 용접재료에 대하여 적절한 기준으로 실시하는 경우가 많다. 일반적으로

솔리드 와이어를 사용한 탄산가스 아크 용접재료에 대한 관찰 항목으로는 아래와 같은 사항을 고려하여야 한다.

· 비드의 외관 및 형상
· 와이어의 송급성을 고려한 아크의 안정성
· 아크의 감도(강도 및 소리)
· 스패터의 발생상황 및 제거의 난이도
· 비드의 융합성
· 비드의 유동성 및 기공 발생상황
· 오버랩의 발생상황
· 퓸의 발생정도

이러한 항목의 관찰은 가능하면 실제 사용조건과 유사한 용접조건에서 평가되어야 한다. 즉, 입상용적 이행이 발생하는 고전류 영역에서는 하향 및 수평 자세로, 단락이행이 발생하는 저전류 영역에서는 전자세로 용접을 실시한다. 또한 용접기기에 의한 영향을 고려하여야 하며, 플럭스 코어드 아크 용접의 경우에는 슬래그의 유동성과 박리성에 대해서도 주의가 필요하다. 서브머지드 아크용접에 대한 용접 작업성을 평가하기 위하여 특별히 설정된 규정은 없다. 그러나 플럭스 코어드 아크 용접에서와 같이 서브머지드 아크 용접의 경우에도 용접 작업성은 와이어와 플럭스를 구분하여 고려하여야 하며, 와이어가 직접적으로 미치는 영향은 적고 플럭스에 의한 영향이 크기 때문에, 플럭스에 관하여는 용접 작업성에 미치는 영향을 별도로 평가하는 것이 바람직하다. 주요 관찰 항목으로서는 용접 시공 중과 완료 후에 고려해야 할 사항으로 분류하는 것이 일반적인며, 이러한 것들은 표 6.5와 같이 분류할 수 있다.

표6.5 서브머지드 아크용접시 플럭스의 주요 관찰 항목

<table>
<tr><td rowspan="7">플럭스의
관찰항목</td><td rowspan="4">용접시공중</td><td colspan="2">한계 전류의 크기</td></tr>
<tr><td colspan="2">아크의 점화 및 안정성</td></tr>
<tr><td colspan="2">용접재의 이행 정도</td></tr>
<tr><td colspan="2">가스 및 연기의 발생상태</td></tr>
<tr><td rowspan="3">용접시공후</td><td colspan="2">슬래그의 박리</td></tr>
<tr><td rowspan="2">비드의 외관</td><td>표면에서의 기포 발생</td></tr>
<tr><td>비드의 평활성</td></tr>
<tr><td></td><td></td><td></td><td>언더컷 및 균열여부</td></tr>
</table>

서브머지드 아크용접은 비교적 박판에서 후판까지 넓은 범위에 적용되므로 사용하는 용접전류의 범위가 매우 넓다. 또한 전극도 단일전극에서 다전극까지 사용되고 있으며, 용접속도도 저속의 1.5mm/min에서 2m/min 정도의 고속에도 사용이 가능하다. 이와 같이 서브머지드 아크 용접의 시공조건 범위가 대단히 넓기 때문에 접합부의 종류, 두께, 홈 형상, 용접조건 등의 실제 용접 조건에 맞추어 용접재료의 작업성을 평가할 필요가 있다.

6.3 용접부 성능시험

6.3.1 용접부 성능시험의 종류

용접부에 대한 성능시험은 구조물이나 부품의 용접부가 가질 수 있는 특성을 확인하여 설계에 필요한 데이터를 얻거나, 또는 정해진 조건으로 용접한 용접부가 설계에서 요구하는 특성을 만족할 수 있는가를 확인하기 위하여 실시한다. 시공과 관련하여서는 필요한 용접부를 제작하기 위한 적정 용접조건을 얻기 위해 실시하기도 한다. 따라서 성능시험을 위한 시편은 구조물이나 부품의 실제 사용조건과 동일하게 실시하는 것이 바람직하다. 그러나 이런 조건을 맞추기가 어려운 것이 보통이기 때문에 용접부 성능시험의 결과를 근거로 설계나 시공 조건을 판단할 때에는 시험편과 실제 구조문 광의 차이를 올바로 인식하여야 한다. 용접부 성능시험법은 용접부가 사용 중에 받게 될 하중 조건에 맞추어 선택하여야 하며, 이를 위해서는 구조물의 사용조건과 시험법에 대한 이해가 필요하다.

6.3.2 용접부의 강도시험

6.3.2.1 인장시험

용접부의 인장시험방법은 맞대기 용접부, 앞면 필릿 용접부, 점 용접부, 브레이징 접합부들의 각각에 대하여 KS B 0833, 0841, 0852, 0881에 규정되어 있으며, 용착금속의 인장시험방법은 KS B 0821에 규정되어 있다. 통상적으로 사용되는 맞대기 용접부 인장시험편을 그림 6.20(a)에 나타내었다. 실제 구조물의 용접부에 가까운 시험편은 그림 6.20(b)에 주어져 있다. 시험편의 폭 W는 판의 두께에 따라 정해지며, (a)시편은 보강 덧살을 제거하고, (b) 시편은 제거하지 않은 상태 그대로 둔다. 판상시험편의 인장시험시 시편의 폭은 시험결과에 영향을 미치게 되는데, 판 넓이가 두께의 5배 이상이 되는 광폭 인장시험편을 사용하는 것이 바람직하다.

7.3.2.2 굽힘시험

용접부의 굽힘시험은 용접금속 내에 유해한 결함이 존재하지 않은지 또는 모재부와 동등한 정도의 충분한 연성을 갖는가를 확인하기 위해 실시한다. 시험방법은 형굽힘시험과 자유굽힘시험이 있으며, 형굽힘시험은 U자형 지그를 활용하는 굽힘시험과 회전 굽힘시험이 있다. 시편의 방향도 가로방향 시편과 세로방향 시편이 있으며, 표면굽힘, 이면 굽힘, 측면 굽힘시험으로 구분한다. 맞대기 용접부의 굽힘시험, 자유 굽힘시험, 자유 굽힘시험, 롤러 굽힘시험 방법들은 KS B 0832, 0834, 0835에 각각 규정하고 있으며, 필릿 용접부의 이면 굽힘 시험방법은 KS B 0527에 나타나 있다. T형 필릿 용접 이음의 굽힘 시험방법은 KS B 0844에 주어져 있으며, 용접 비드의 굽힘시험 방법은 KS B 0861에 주어져 있다.

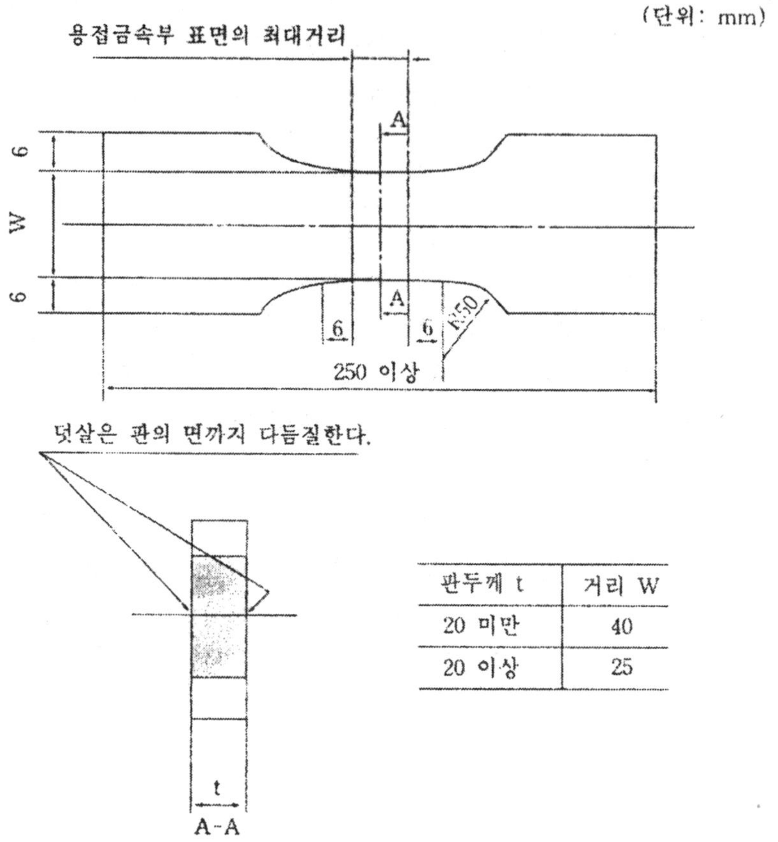

판두께 t	거리 W
20 미만	40
20 이상	25

(a) 맞대기 용접인장시험 1호 시험편 (KS B 0833)

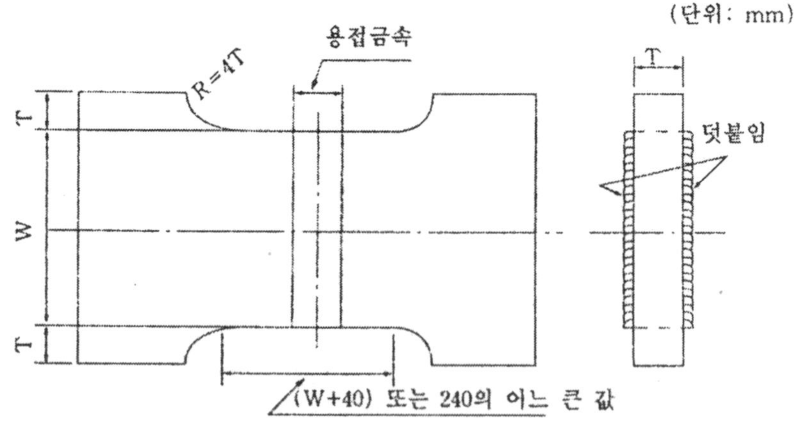

(b) 맞대기 용접부 광폭 인장 시험편 (KS B 0525)

그림 6.20 맞대기 용접이음의 인장시험편

6.3.2.3 전단시험

전단시험은 측면 필릿 용접부와 점 용접부, 그리고 납땜부 등에 실시하며, KS B 0842, 0851, 0874에 이들 각각의 시험방법이 기술되어 있다. 그림 7.21에 전단시험편의 예가 도시되어 있다. 시험 목적에 따라 이 시험편들 외에도 다른 형상의 시험편들이 사용되기도 한다. 측면 필릿 용접부의 경우 시험편의 길이방향으로 인장하중이 가해지면 용접부에 전단하중이 작용하게 되므로, 시험 방법은 인장시험과 같은 방법으로 실시한다.

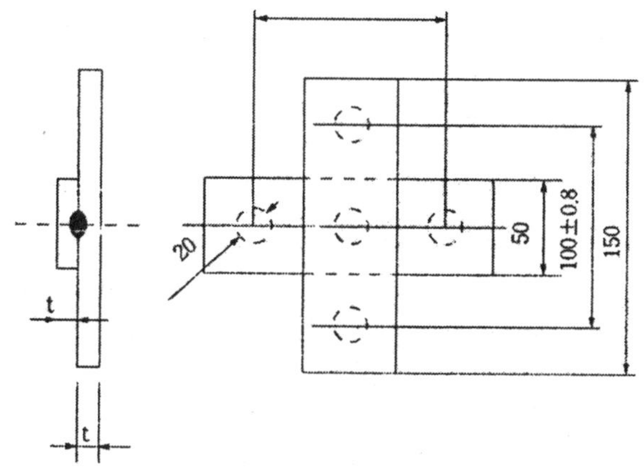

(a) 판두께 5mm 미만인 경우

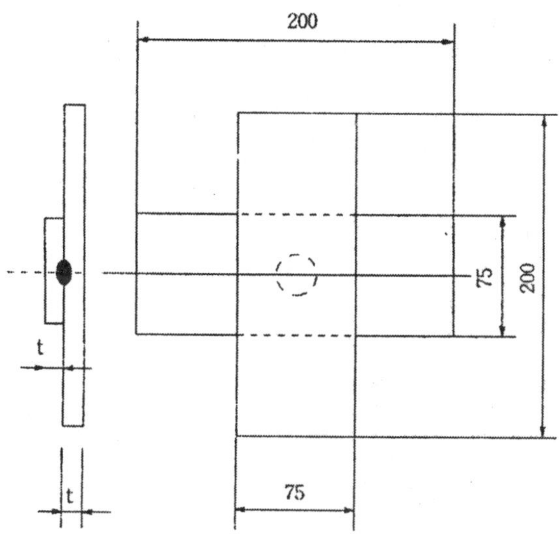

(b) 판두께 5mm 이상인 경우

그림 6.21 용접부의 전단시험편 (KS B 0852)

6.3.2.4 연성균열 저항시험

발전 플랜트나 화학 플랜트 구조물의 안전성과 수명 평가를 위한 연구에서는 파괴역학적인 방법으로 연성파괴 조건을 검토하는 방법이 활용되고 있으며, 여기에는 J적분, CTOD(Crack Tip Opening Displacement)등이 사용된다. 용접구조물 재료로 널리 사용되고 있는 고인성재료의 파괴 인성치 K_{IC}를 평가하기 위해서는 큰 치수의 시험편이 필요하기 때문에 사실상 파괴인성 평가가 어려워진다. 따라서 탄소성 파괴인성이 평가되어야 하며, J적분에 기반을 둔 탄소성파괴인성치 시험이 행해진다. 이런 시험에는 그림 6.22에 주어진 ASTM E 813이나 JSME S 001에 규격화되어 있는 3점 굽힘시험편이나 CT 시험편이 주로 사용된다. 그리고 J적분은 하중과 변위 곡선으로부터 구한다.

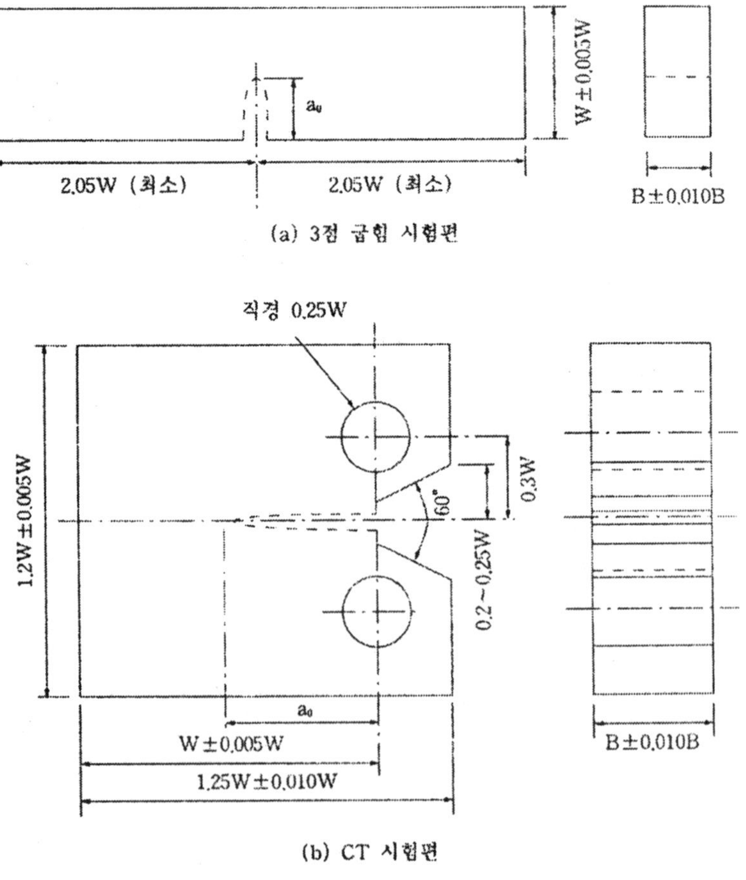

(a) 3점 굽힘 시험편

(b) CT 시험편

그림 6.22 J 적분 시험편

불안정 연성파괴 해석에 필요한 재료 데이터는 연성균열길이의 함수로서의 J, CTOD 값이다. 이들을 재료의 균열저항곡선이라고 하며 J-R곡선, CTOD-R곡선 등으로 부른다. 이들 중 어떤 파라메터를 선택하더라도 R곡선은 실험으로 구해야 하며, 이를 위해서는 연성균열길이를 변화시켜 실험해야 한다. 실험에는 다수의 시험편을 사용하는 방법과 1개의 시험편을 사용하는 방법이 있다.

그림 6.23에는 J_{IC}시험법의 대표적인 균열저항곡선법(R 곡선법)이 주어져 있으며, 시험 방법은 다음과 같다.

① 복수 시험편을 준비하여 어떤 변위까지 하중을 가한 후 제거한다.

② 파단면으로부터 균열진전량 ∇a를 측정한다.

③ 각각의 하중-변위 곡선으로부터 J를 계산한다.

④ J-∇a곡선으로부터 R곡선을 구하고, 이 곡선과 둔화곡선과의 교점으로부터J_{in}을 결정한다.

⑤ 시험편 치수 조건의 판정에 의해 J_{IC}를 구한다.

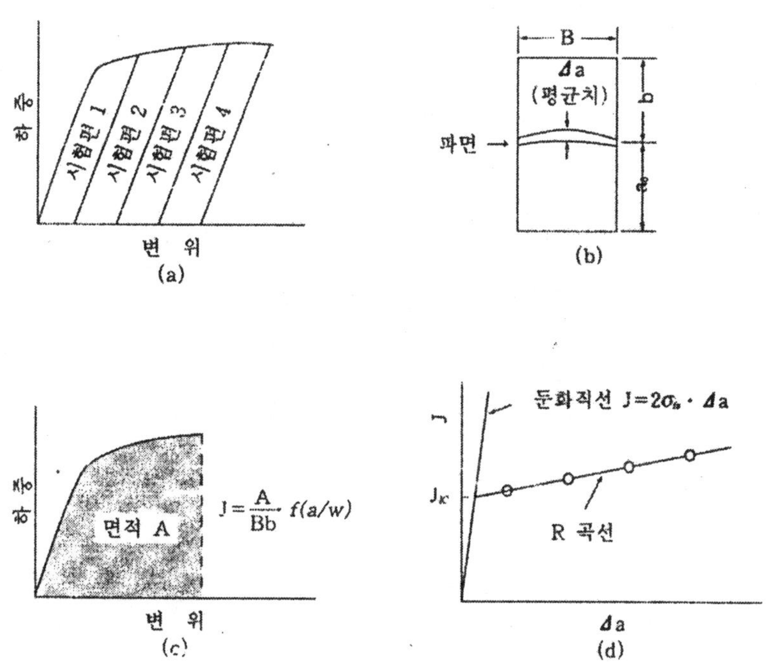

그림 6.23 균열저항곡선법(fracture resistance curve)

6.3.2.5 폭발균열 시험법

폭발 균열시험법은 소재가 폭발에 의한 충격적인 하중을 받아 인성이 낮은 부위에서 균열이 발생할 때 주변의 재료가 그 균열을 저지할 수 있는지의 여부를 평가하는 시험법이다. 소재는 용접된 상태나 용접되지 않은 상태로 시험할 수 있으며, 그림 6.24와 같이 원형의 구멍을 갖는 받침대 위에 시편을 놓고 위쪽에서 폭약이 점화할 때 발생하는 충격 하중으로 시험편을 변형시킨 다음 균열이 진전하거나 정지된 상태에 따라 천이온도를 평가한다. 시험편이 전혀 변형되지 않고 파단한 온도를 취성파괴온도(NDT : Nil Ductility Transition Plastic), 균열이 소성 변형된 부분까지만 진전되고 평평한 곳까지는 진전되지 않은 온도를 FTE(Fracture Transition Elastic)온도, 균열이 진전되지 않고 정지되어 있는 온도를 FTP (Fracture Transition Plastic)온도 등으로 구분한다. 이것은 충격시험에서의 연성파괴온도와 취성파괴온도 및 천이온도에 대응하는 것으로 볼 수 있다.

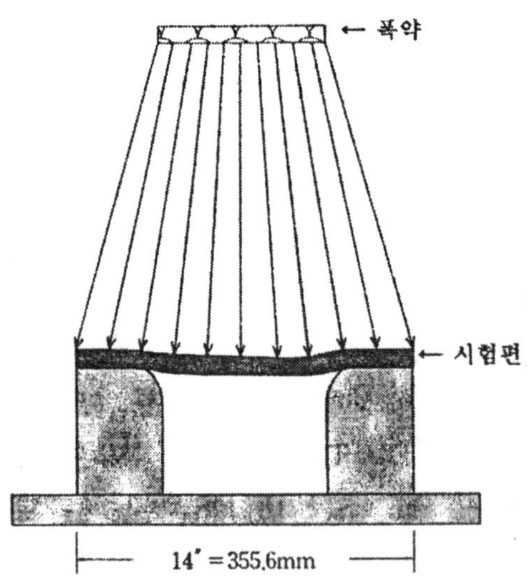

그림 7.24 폭발 균열 시험법

6.3.2.6 하중 낙하 시험법(drop weight test)

평판에 비드 용접을 한 후에 노치 가공을 하고 일정높이에서 하중을 낙하시켜 일정량의 변형을 주어 취성파괴온도(NDT)를 평가하는 방법으로, 그림 6.25에 시험

방법이 제시되어 있다. 이와 유사한 시험법으로는 DT(Dynamic Tear) 시험법, BT (Ballistic Tear) 시험법 등이 있다.

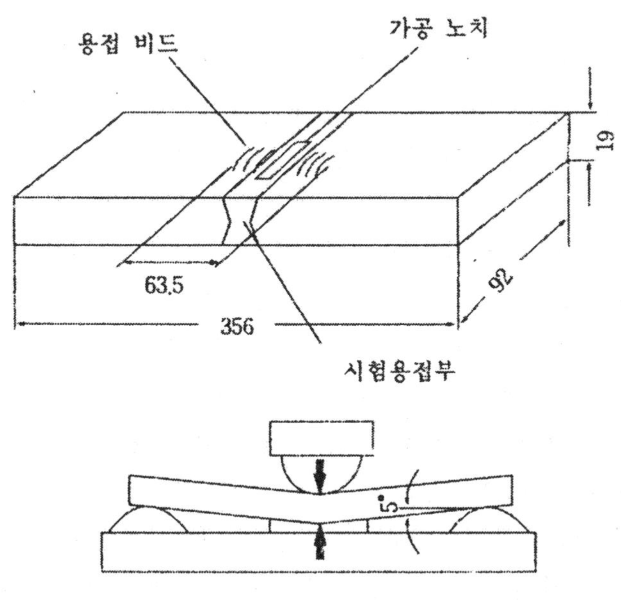

그림 6.25 하중 낙하 시험법

6.3.2.7 기타 시험

연성 파괴 시험으로 분류할 수 있는 다른 시험법들은 내압파괴시험, DWTT시험 등이 있다. 내압파괴시험은 고압의 기체를 저장 또는 수송하는 압력 용기, 가스파이프라인이나 화학플랜트, 발전플랜트 등의 배관의 파괴방지 조건을 검토하기 위하여 실시한다. 이들이 파괴를 일으키는 경우는, 내용물이 압축성의 높은 에너지를 가지고 있기 때문에 재료가 높은 인성을 가지고 있어도 고속으로 연성파괴가 진전하여 발생할 우려가 있다. 이러한 불안정 연성파괴는 균열전파 속도와 내용물의 압력저하가 전파하는 속도(감압파 속도)의 대소관계로 정해지고, 균열전파 속도가 감압파 속도보다도 느린 경우는 균열선단의 응력조건이 완화되지 않고 전파가 계속된다. 파이프라인을 대상으로 한 시험에서 전단파면율과 균열속도와의 관계가 밝혀짐으로써, 파이프의 전단파면율을 추정하는 간이시험법으로 DWTT 시험이 개발되었따. DWTT 시험은 파이프라인용 강재의 재질판정에 사용되고 있는데, 플랜트 배관 등의 연성파괴에 대해서는 파괴역학에 의거한 연성균열 저항시험이 사용되고 있다.

6.3.3 용접부의 취성파괴시험

6.3.3.1 샤르피 충격시험

용접부에 대한 샤르피(Charpy) V 노치 충격시험은 모재나 용접재료의 충격인성 평가, 용접성 평가, 용접시공법의 승인(용접절차 확인시험), 간이 파괴인성 평가를 위한 시험 방법으로 널리 사용되고 있다. 용접부에 대한 충격시험방법은 KS B 0526, 0821, 0865에 규정되어 있다.

샤르피충격 시험편의 채취 방법은 그림 6.26과 같이 노치의 방향을 ①용접표면과 평행하게 가공하는 방법, ② 용접 표면과 수직으로 가공하는 방법, ③ 경사지게 가공하는 방법들이 있다. 채취 위치는 용접금속내부, 용융 경계부, 열영향부 등이 있다. 그리고 이들 세곳 이외에도 선박이나 해양 구조물 등의 규격에서는 열영향부에서의 노치 인성치 분포를 고려하여 용융선으로부터 1mm, 3mm, 5mm 떨어진 곳에서의 시험을 요구하는 경우가 있다.

충격시험의 경우 노치의 가공상태, 위치변화 등에 따른 충격인성치의 편차가 크기 때문에 동일 온도에서 3개 이상의 시험편을 시험하여 평균치로 사용하는 것이 일반적이며, 5개의 시험편에서 최고값과 최저값을 제외한 나머지들의 평균값을 취하는 것이 바람직하다.

취성파괴의 염려가 있는 구조물에 사용되는 강재의 개발과 승인에 사용되는 충격시험편은 열영향부의 인성치를 정확히 평가할 수 있는 그림 6.26(a)의 (4)시편이 주로 사용된다.

6.3.3.2 소형 취성파괴시험

두꺼운 판재나 고강도 재질 및 이들의 용접부에서는 탄성적인 파괴거동을 나타내기 위한 파괴변수로서 응력확대계수 K가 사용된다. 파괴인성값 으로서는 평면변형률 파괴인성값 K_{IC}가 사용된다. 박판이나 강도가 낮은 재질에서는 탄소성적인 파괴거동을 나타내기 때문에 균열 선단의 CTOD나 J적분 등의 탄소성 파괴변수가 사용된다. 이 때의 파괴인성값은 J_{IC}가 주로 사용된다. 이런 파괴인성값을 구하는 시험에서는 가능한 한 소형 시험편을 사용하는 것이 바람직하다.

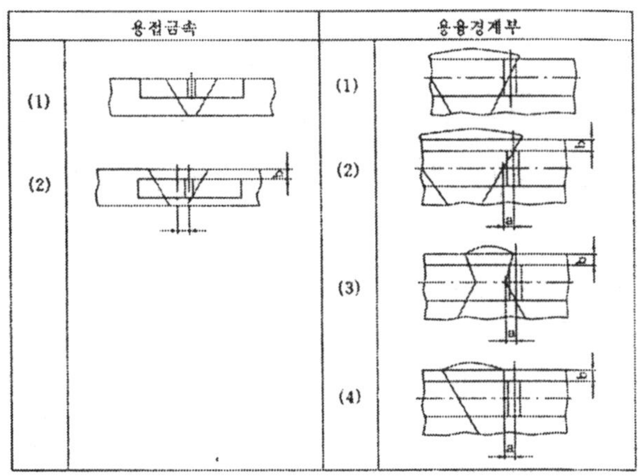

(a) 용접 표면과 수직한 방향 노치 시험편

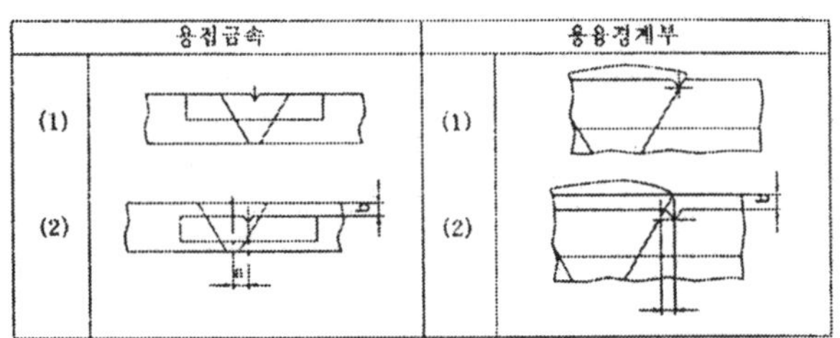

(b) 용접 표면과 평행한 방향 노치 시험편

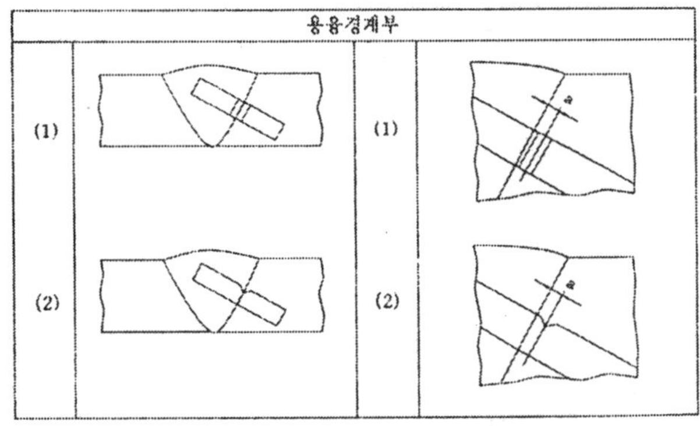

(c)경사 방향 노치 시험편

그림 6.26 샤르피 V 노치 충격 시험편의 채취 방법

6.3.3.2.1 K_{IC} 시험

K_{IC}시험은 ASTM E 399-78에 규격화되어 있다. 그림 6.27에는 표준 파괴인성시험편의 형상이 주어져 있으며, (a)는 3점 굽힘 시험을, (b)는 CT시험편을 나타낸다. 노치의 선단에는 시험에 앞서 반드시 규정된 성상과 길이의 피로균열을 만들어야 하며, 피로 균열선단의 소성영역을 충분히 작게 하기 위하여 반복하중의 조건도 엄밀히 규정되고 있다.. K_{IC}는 아래의 조건을 만족시켜야 한다.

$$B,\ a \geq 2.5(K_{IC}/\sigma_y)^2$$

(여기서 B : 시험편의 판두께, a : 균열의 길이, σ_y : 재료의 항복강도)

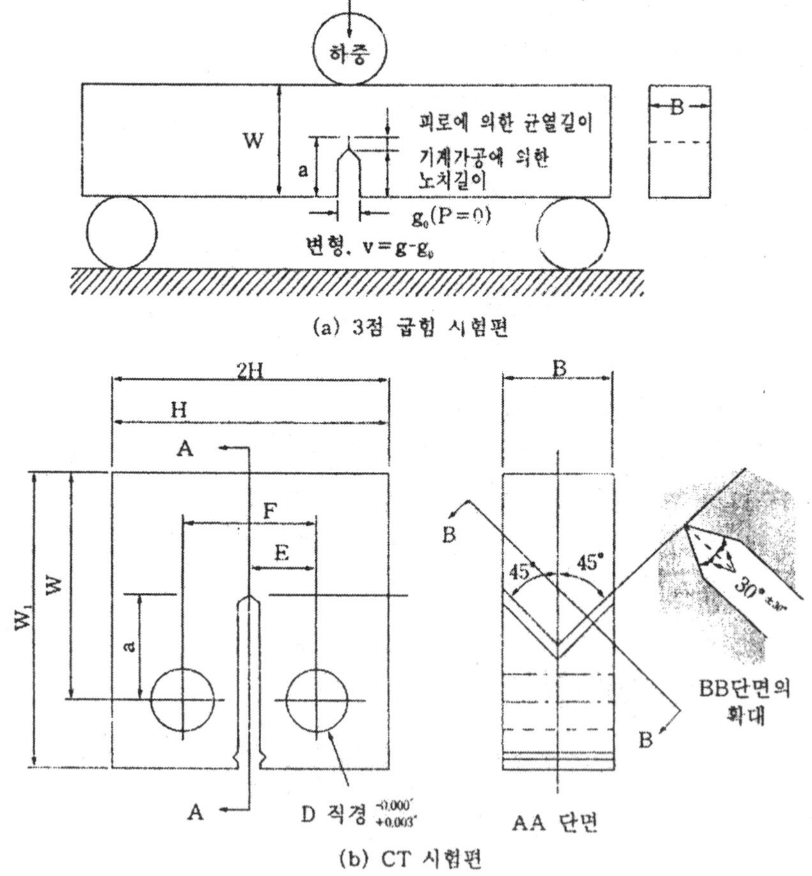

(a) 3점 굽힘 시험편

(b) CT 시험편

그림 6.27 표준파괴인성 시험편

따라서 파괴인성값이 큰 재료의 K_{IC}를 구하기 위해서는 판두께 B가 커야 하며, 경우에 따라서는 시험편의 제작이 어렵게 된다. 그러므로 K_{IC}시험을 실시하는 경우에는 미리 이 조건식을 만족할 수 있는지 여부를 검토하여야 한다.

6.3.3.2.2 CTOD 시험

파괴인성치 δ_C를 구하는 시험에는 BS 5762가 적용되며, 하중은 3점 굽힘으로 부하한다. 시험편의 형상 및 치수는 2종류로 규정되어 있고, 판두께를 관통하게 한 균열을 대상으로 한 것은 그림 6.27과 동일하다. 목적에 따라서 판 표면으로 들어간 균열을 대상으로 한 시험편도 사용된다. 노치선단에는 피로균열을 만들어 시험해야 한다. CTOD 시험의 큰 특징은 실제의 구조물에 사용되는 판두께를 그대로 시험편의 두께로 하는 것을 원칙으로 한다. 따라서 후판에 대하여 시험을 하는 경우에는 시험편이 대단히 크게 되고, 이미 소형 시험편이라 부를 수 없는 경우가 있다. CTOD δ를 구하기 위해서 필요한 계측항목은 하중, 노치입구의 열림변위 V_g(클립게이지 변위), 노치길이(시험후의 파면에서 계측)이고, 환산식에 의해 V_g에서 δ를 구한다.

용접부에 대한 시험은 모재 시험과 비교하여 몇 가지의 중요한 주의점이 있다. 첫째는 용접 잔류응력의 영향에 의해 피로균열선단이 직선으로 되지 않는다는 점이다. 이 때문에 피로균열을 만들기 전에 잔류응력 분포를 일정하게 하기 위하여 시험편의 두께 방향으로 소성변형을 주는 방법이 일반적으로 사용된다. 둘째는 해양구조물 관련의 국부취화역에 대한 문제이다. 용접부의 최저인성치를 구하기 위해서 균열선단이 용융선 근방의 열영향부의 취화조직에 위치하였는지 아닌지를 시험후에 시험편을 절단하여 단면에서 확인하는 것이 요구되는 경우가 있다.

6.3.3.2.3 J_{IC}시험

J적분은 재료가 탄소성파괴거동을 나타내는 경우에 사용하며, K_{IC}시험법과 같이 평면변형 조건하의 파괴발생 인성의 지표로서 J_{IC}를 정의하고자 하는 시험이다. 규격화된 시험법으로서는 ASTM E 813 및 일본 기계학회 기준 JSME S 001이 있다. 시험법의 특징은 다음과 같다. 시험편은 그림 6.3에 주어져 있으며, J적분값은 하중점 변위와 하중으로부터 구할 수 있기 때문에, 하중점 변위를 시험편에서 직접 계측할 수 있도록 CT 시험편에는 ASTM E 399 시험편에 일부 수정이 되어 있다.

J_{IC}는 균열이 진전을 개시할 때의 값으로 정의되고, 이것을 구하기 위해 먼저 균열 둔화 직선과 J-R 직선의 교점으로서 J_{IC}를 구한다.

$$K_{IC} = (EJ_{IC}/(1 - V^2))^{1/2} \quad (E : \text{탄성계수}, v : \text{푸아송비})$$

6.3.3.3 대형 취성파괴시험

6.3.3.3.1 Kommerell 굽힘시험

큰 시험편에 비드 용접을 한 후 굽힘시험을 하여 취성파괴 발생여부를 판단하는 시험법으로, 그림 6.28에 그 개략도를 나타내었다. 평판위에 용접 비드를 만들고 노치 없이 굽힘시험을 하여 용접부에 발생한 균열이 모재에서 정지되지 않고 진전하여 파단되면 취성파괴된 것으로 판단하는 시험법이다.

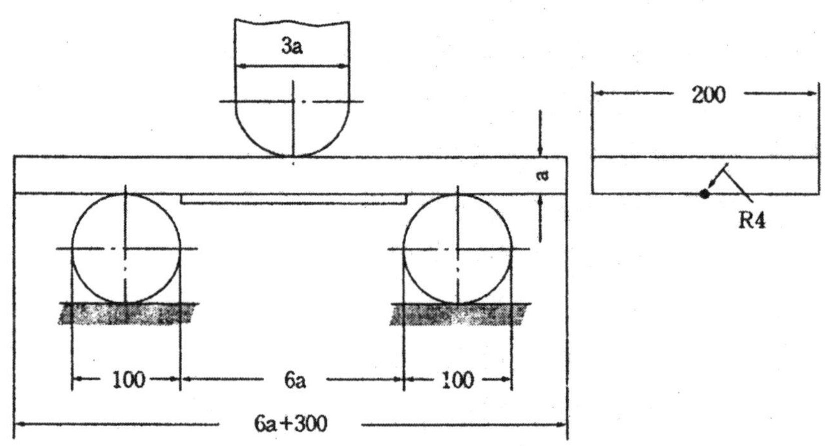

그림 6.28 Kommerell 굽힘시험

6.3.3.3.2 노치 인장시험

그림 6.29의 (a)에서 (c)까지 대형 노치 인장 시험편의 형상들이 주어져 있다. (b)의 시편들은 용접하지 않은 모재상태에서 시험하는 시편의 형상이며, (c)의 시편들

은 용접된 상태에서 시험하는 시편의 형상들이다. 이들 시험편을 사용하여 파단면을 분석하여 얻어지는 천이온도를 평가하거나 파단시의 강도를 평가한다.

6.3.3.3.3 Robertson 시험

그림 6.30과 같은 시험편을 사용하여 양쪽에 판재로 용접된 시험편의 A점은 가열하고 B점은 냉각시킨 상태에서 인장하중을 가한다. 이 상태에서 B점에 충격하중을 가하면 가공 노치로부터 균열이 진전하게 되며, 균열이 정지한 곳의 온도를 측정하여 균열 정지온도를 구한다. 정적인장하중의 크기를 변화시킬 수 있기 때문에 균열이 정지하는 온도에 따른 인장강도 곡선을 얻을 수 있다. 균열 끝을 용접금속에 위치시키거나 열영향부에 위치시켜 용접부에 대한 평가를 할 수 있다. 온도 기울기를 주는 경우 외에도 일정온도로 유지한 상태에서도 시험을 실시할 수 있다.

6.3.3.3.4 ESSO 시험

ESSO 시험은 취성파괴 정지성능을 평가하는 Robertson 시험과 유사하며, 파괴발생의 경우와 같이 응력확대계수 K로서 취성균열 정지시의 응력과 균열길이로 구해지는 한계 응력 확대계수를 K_{ca}, K_{Ia}로 표현한다. 이러한 값은 취성파괴의 K_C와는 다른 것이고, 동일 재료를 같은 온도에서 시험한 경우, 값이 달라지는 것에 주의를 요한다. 용접 구조물의 취성파괴는 모재보다 파괴인성이 낮은 용접부에서 발생하며, 이때 발생한 취성균열은 용접 잔류응력의 영향 등에 의해 모재로 전파되므로 취성파괴의 정지 성능은 모재에 대해서 요구된다고 할 수 있다. 따라서 취성균열진전 정지시험은 모재시험으로 한정할 수 있다. 그러나 용융경계부나 열영향부가 모재와 비교하여 인성이 대단히 낮은 경우에는, 취성균열이 이들 부분에 대하여 선택적으로 진전할 우려가 있기 때문에, 용접부에 대한 시험을 실시하는 경우가 있다. ESSO 시험에 사용되는 대표적인 시험편의 형상을 그림 6.31에 나타내었다.

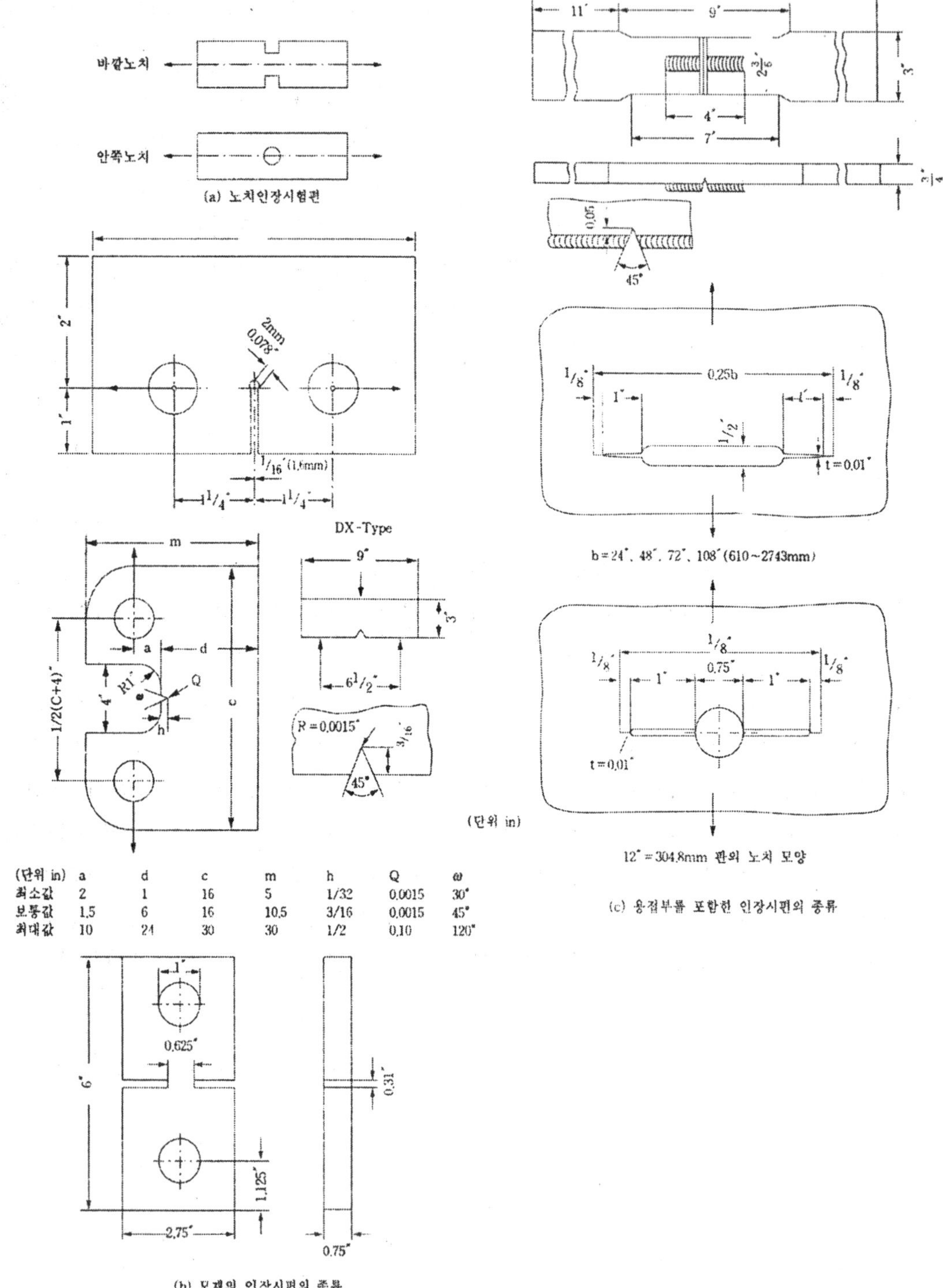

(단위 in)	a	d	c	m	h	Q	ω
최소값	2	1	16	5	1/32	0.0015	30°
보통값	1.5	6	16	10.5	3/16	0.0015	45°
최대값	10	24	30	30	1/2	0.10	120°

그림 6.29 대형 인장시험편

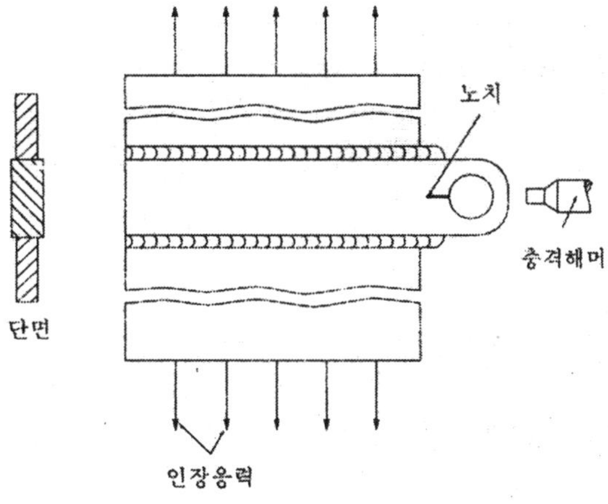

그림 6.30 Robertson 시험편

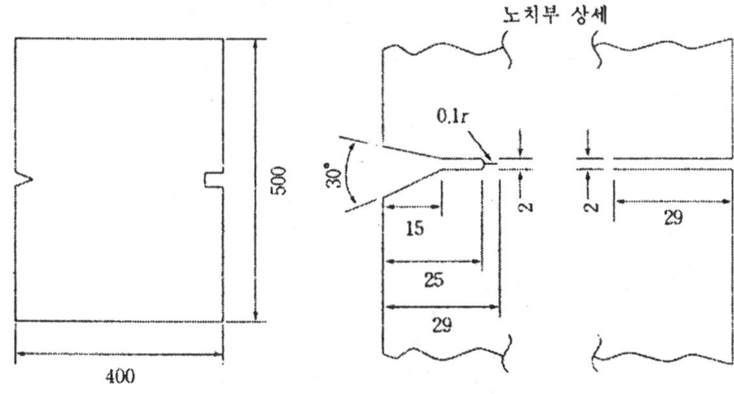

그림 6.31 ESSO 시험편

6.3.4 용접부의 피로시험

용접부의 피로수명은 일반적으로 모재에 비해 상당히 낮기 때문에 피로수명은 용접 구조물의 설계에 대단히 중요하며, 용접부의 피로수명에 관한 자료는 주로 실험을 통하여 얻고 있다. 용접부의 피로특성을 구하려면 실제 구조물의 용접부에 적용되는 조건을 재현하여야 한다. 예를 들어 용접구조물의 설계에 사용할 데이터를 얻으려면, 재질별, 접합부 형상별, 용접법별로 자세하게 분류하고, 각각에 대하여 시험을 실시하여야 한다.

피로를 설계에 활용하기 위해서 필요한 데이터는 응력진폭과 균열발생 수명의 관계를 표현하는 S-N선도와 피로균열 전파속도의 2종류로 대별된다. 전자는 피로강도 시험에 의해, 후자는 피로균열 전파시험에 의해서 구한다.

6.3.4.1 피로강도시험

일반적으로 피로수명은 10^5의 사이클 수를 경계로 하여 그 이하를 저사이클 피로역, 그 이상을 고사이클 피로역으로 나누고 있다. 저사이클 피로역에서는 시험의 제어변수를 응력으로 하는 경우와 변형으로 하는 경우에 따라 피로선도가 크게 변한다.

피로 강도시험에서 변형제어 저사이클 피로시험 방법은 일본용접협회 WES 1101 등에 규정되어 있으며, 사용하는 시험편을 그림 6.32에 나타내었다. 시험은 하중을 가하고 변형과 응력을 기록하여 최초의 수 사이클에서 안정한 히스테리시스가 얻어지는 조건으로 제어해야한다. 피로 수명으로서는 균열발생 수명과 시험편의 파괴수명의 2가지가 사용된다.

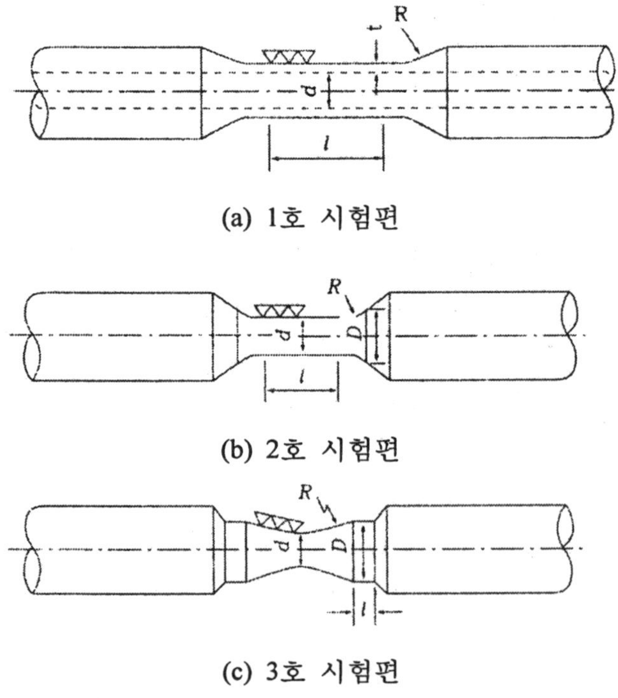

그림 6.32 변형제어 저 사이클 피로시험편

피로시험에 관해서는 일반적으로 S-n 선도의 작성방법, 피로한도를 구하는 방법 등이 있고, 이 방법들은 재료 자체의 피로강도를 평가하기 위한 시험법이다. 실제의 구조물에서 피로강도가 문제가 되는 것은 재질적 또는 구조적으로 불연속이 존재하는 용접부이므로, 용접부의 시험에는 구조물에서 채취한 시험편을 이용한다. 용접부의 피로시험은 아크 용접부 및 점 용접부에 대하여 KS B 0825 및 0528에 각가 규정되어 있으며, 시험편 형상을 그림 6.33에 나타내었다. 피로강도는 용접부의 형상에 의한 응력집중 뿐만 아니라 용접재료나 용접조건 등에 의해서도 영향을 받기 때문에 시험조건을 기록하도록 규정하고 있다.

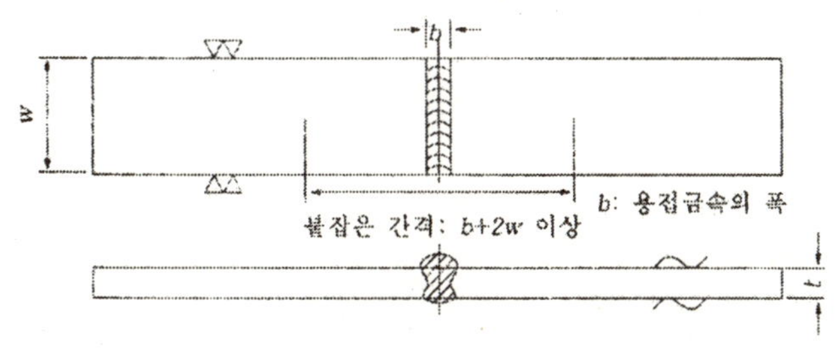

(a) 비다듬질 맞대기 용접부 시험편

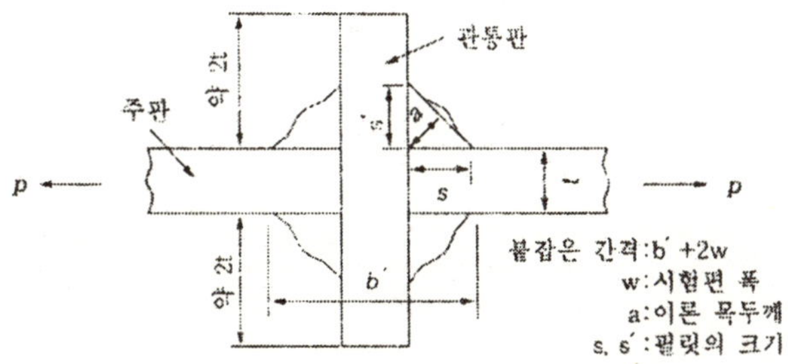

(b) 하중전달 十자 필릿용접부 시험편

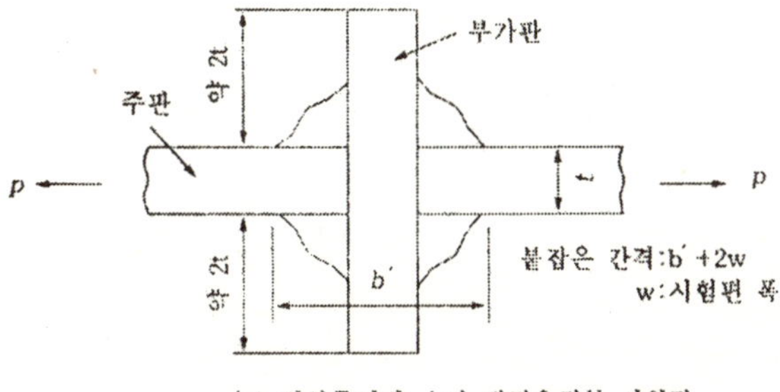

(c) 비하중전달 十자 필릿용접부 시험편

그림 6.33 아크용접부 피로 시험편

6.3.4.2 피로균열 전파시험

피로균열 전파시험 방법을 규정한 규격으로 ASTM E 647이 사용되며, 그 시험편의 형상을 그림 6.34에 나타내었다. 중앙에 노치를 가지고 있는데 CT 시험편을 사용할 수도 있으며, 시험편에 반복 하중을 가하여 반복 횟수와 균열길이와의 관계를 구한다. 균열길이의 계측에는 광학현미경, 균열 게이지, 레이저 등을 이용한다. 시험 결과는 응력확대계수의 변동폭 ∇K와 균열전파속도 da/dN(a : 균열길이, N : 반복 횟수)의 관계를 $da/dN = C(\nabla K)^m$의 형태로 정리한다. 여기에서 C, m은 정수이며, 이들은 응력비나 용접잔류응력의 영향을 받기 때문에, 위 식의 ∇K 대신에 유효응력확대계수 ∇K_{eff}가 사용된다. 여기에서 $\nabla K_{eff} = K_{\max} - K_{op}$이며, 여기서 K_{op}는 닫혀 있던 균열의 선단이 열릴때의 K값으로 실험적으로 구한다.

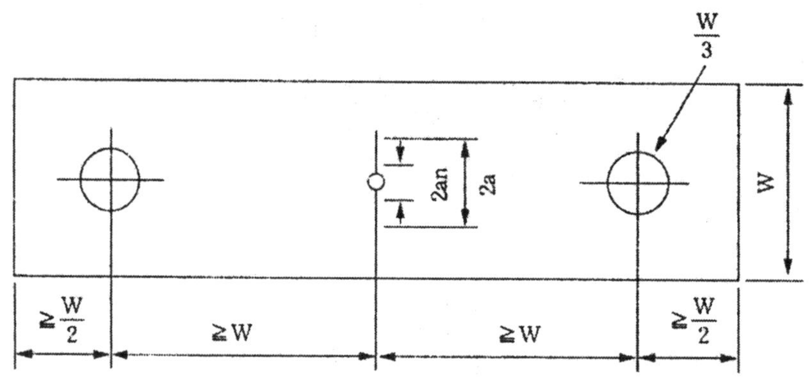

그림 6.34 중앙 노치 피로균열전파 시험편

6.3.4.3 기타 시험

기타의 시험으로 부식피로시험, 크리프 피로시험 등이 있다. 부식피로시험은 부식환경에서 반복적으로 응력을 받는 구조물을 대상으로 실시한다. 이와 같은 구조물로서는 해양구조물이 있고, 주로 해수에서의 I강의 피로강도에 관한 것이 많다. 시험법은 피로시험과 같지만 환경조건을 주는 점이 다르다. 크리프 피로시험은 주로 발전 플랜트나 화학 플랜트의 구조물들을 대상으로 하고 있으며, 시험편을 소정의 온도 조건에서 시험한다.

이들은 재료강도에 시간의 함수로서 영향을 주는 부식이나, 크리프 조건과 반복의 함수로서 영향을 미치는 피로에 대한 중복효과를 평가한다. 따라서 실험을 실시할 경우에는 실제 구조물의 조건을 충분히 고려하여 응력이나 변형의 반복속도를 선정하여야 한다.

6.3.5 겹침 저항용접부의 시험

6.3.5.1 점 용접부

6.3.5.1.1 정적 인장시험

점용접 이음부에 대한 인장시험 방법은 KS B 0852에 규정되어 있으며, 시험 방법은 KS B 0802의 금속재료 인장시험 방법에 따라 실시하여 최대 하중을 측정한다. 모든 두께의 철, 비철금속에 적용할 수 있으며 점용접부의 수직한 방향의 강도를 측정하는데 사용한다. 시험은 그림 7.21에 나타낸 십자형 인장시험과 그림 6.35에 나타낸 U자형 인장시험의 2가지가 있다.

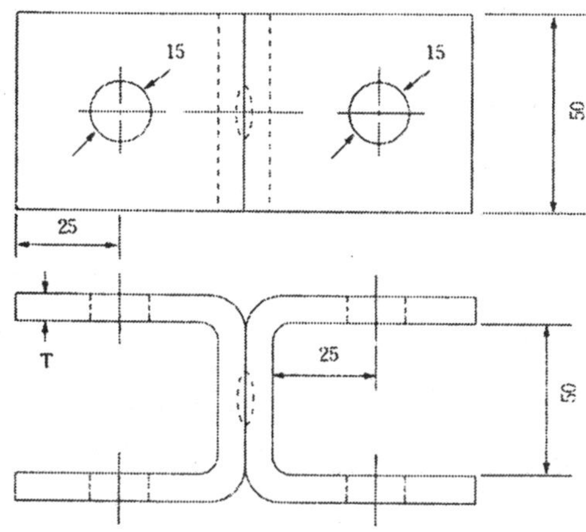

그림 6.35 점 용접부에 대한 U 자형 인장시험편

6.3.5.1.2 정적 인장전단시험

이 시험방법은 판두께가 5.0mm 이하인 금속 재료에 대하여 적용하며, KS B 0851의 점용접 이음의 인장 전단시험 방법에 규정되어 있다.

시험편의 모양은 그림 6.37과 같으며, 연속 10점 이상의 점용접 시험재로부터 절단한다. 그림 6.36은 시험판재 2매를 겹친 경우이며, 이외에 3매 이상을 겹친 시험편도 있다. 시험은 KS B 0802의 금속재료 인장시험 방법에 따라 시행하며, 정적 인장시험과 마찬가지로 최대 하중을 측정한다.

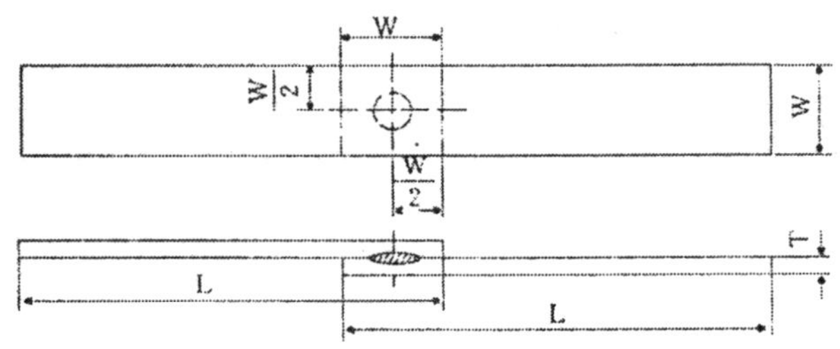

그림 7.36 점 용접부에 대한 인장전단 시험편의 형상

6.3.5.1.3 피로 및 충격시험

이들 시험은 KS에 규격이 정해져 있지 않으며, 피로시험에는 인장 전단피로시험과 십자형 피로시험이 있다. 그리고 점용접의 경우 피로시험의 결과는 하중 L을 사용하므로 L-N곡선으로 표시한다.

6.3.5.1.4 단면 및 외관시험

단면 시험에 사용되는 시험편 및 시험편의 치수는 위의 2)항에 있는 정적 인장전단시험에 쓰이는 것과 동일하며, KS B 0854의 점용접 이음의 단면 시험방법에 규정되어 있다. 시험편은 판두께 5mm이하인 금속재료에 대해 판 표면과 수직인 단면에 대하여 시행하며, 용접 점의 중심을 지나는 단면을 적절한 방법으로 절단하여 연마, 부식시킨 후 너깃 지름, 용입, 균열, 기공 등의 내부 결함에 대하여 조사한다.

KS B 0853의 점용접 이음부의 겉모양에 대한 시험방법이 규정되어 있으며, 용접부 표면의 형상, 결함 등을 조사하는 시험이다. 표면 갈라짐의 경우 갈라짐이 조금이라도 있으면 안되며, pit의 경우는 직경 1.5mm이상의 것이 있어서는 안된다.

6.3.5.1.5 간이시험

현장에서 설비 부재 등의 문제로 정식으로 시험을 실시하기 어려울 경우에 쉽게 실시할 수 있는 파괴시험방법으로 아래와 같은 시험들이 사용된다.

① Peel 시험

용접부를 강제로 분리 파단 시켜서 용착상태의 양부를 판정하는 시험을 말한다. 그림 6.37과 같이 한 쪽을 고정시켜 놓고 다른 한쪽을 잡아 당겨 용접부를 분리시켜서 용착 상태를 조사하는 방법이다.

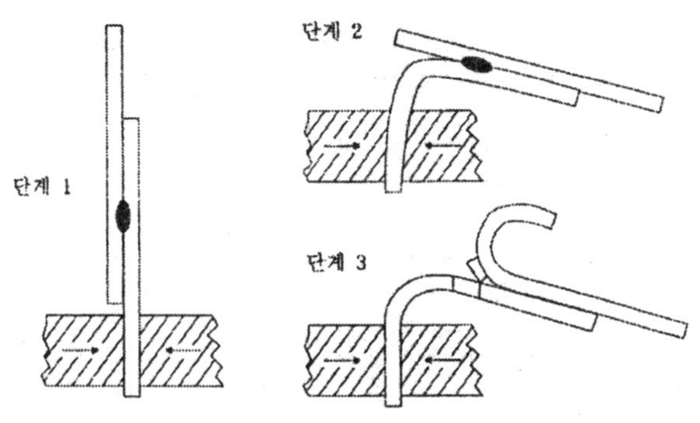

그림 6.37 Peel 시험 방법

② 비틀림 및 압축 전단시험

이 시험편들은 판이 두꺼워 peel 시험을 실시하기 어려울 경우에 사용되며, 용접부를 비틀거나 압축전단 하중을 가해서 사용되며, 용접부를 비틀거나 압축전단 하중을 가해서 파괴하여 용접부의 품질을 판정한다.

6.3.5.1.6 심 용접부

KS B 0855는 심 용접의 검사 방법과 탄소 강판, 도금 강판, 오스테나이트계 스테인리스 강판, 알루미늄 및 알루미늄 합금판의 심 용접의 용접부, 작업 조건의 설정, 작업의 일상관리 등을 위한 시험 방법 및 판정 기준에 대하여 규정하고 있다.

시험에는 누설시험, 제품 누설시험, 단면 시험이 있으며, 시험재 및 이를 작성하기 위한 재료 및 용접 설비, 용접봉은 실제의 작업에 사용되는 것과 동등한 것이어야 한다.

6.4 비파괴시험

6.4.1 비파괴 시험의 개요

6.4.1.1 정의와 적용범위

재료 또는 구조물의 구성부에 내부에 존재하는 결함의 유무의 형상을 파악하기 위해서는 파단에 의한 시험방법이 가장 확실하다. 그러나 파단이 곤란한 경우 대상물에 손상을 입히지 않고 각종 물리적인 특성을 이용하여 외부에서 결함에 관한 정부를 얻어냄으로서 대상물의 신뢰성을 높일 수가 있는데 이러한 검사방법을 비파괴시험(Non-Destructive Testing,NDT) 이라고 한다.

용접부에 의해서 제작되는 구조물에에는 많은 품질요구가 있게 되며 이에 따라 설계, 시공, 검사가 이루어 진다. 용접은 여타의 제작공정과는 달리 가열, 용융, 응고현상을 수반하고 이로 인해 재질의 변화, 균열, 기공, 슬래그 혼입, 잔류 응력 등이 발생하여 이러한 변화 및 발생기구는 대단히 복잡하여 품질검사도 용이하지 않다.

용접부에는 설계된 하중에 견디는 강도가 요구되는 이외에 사용조건에 따라서는 취성파괴, 피로, 응력부식 균열에 대한 저항이 요구된다. 이러한 용접부의 성능에 대한 품질정보를 얻는 수단으로써 비파괴시험은 중요한 위치를 차지하고 있다. 일반적으로 용접이음부의 강도에 영향을 미치는 인자로는 용접금속과 모재의 재질차이, 잔류응력, 용접결함에 의한 노치효과 등을 들 수 있다. 이중에서 용접금속과 모재의 재질차이에 관해서는 일반적인 용접에서 강도, 연신율, 비틀림 등의 특성은 큰 차이가 없는 것으로 고려되기 때문에 거의 영향이 없는 것으로 알려지고 있지만 피로강도에는 영향을 크게 미친다. 또 취성파괴에 대하여도 잔류응력이 없는 경우에 비해 아주 낮은 응력에서 파괴가 일어난다.

6.4.1.2 비파괴 검사의 종류

용접부의 결함을 검출하기 위한 비 파괴적인 방법은 다양하여 일률적으로 언급하기는 곤란하나 30가지 이상으로 알려지고 있으며 분류방법도 사용되는 에너지, 결함의 종류, 결함의 발생시기 등에 따라 다르다.

비파괴시험에 사용되는 물리적인 에너지는 방사선, 빛 열, 전자기, 음파, 초음파, 침투파 및 미립자등이며 결함의 종류 및 발생시기에 따라 분류한다.

6.4.1.3 용접부 비파괴시험 기호

설계도에 의한 작업에서 비파괴시험 기호에 관한 이해는 필수적이라 할 수 있다. 현재 국내의 경우 용접부 비파괴시험에 관한 기호는 KS B 0056(미국 용접규격은 AWS A2.4)에 명시되어 있으며 비파괴시험기호의 형태는 용접기호를 기초로 하여 사용하고 있다. 규격에 명시된 기호는 기본기호와 보조기호로 나눈다.

비파괴시험기호는 도면상에 독립적으로 표시하거나 용접기호와 같이 표시 할 수 있으며 어떤 경우든 시험방법, 시험위치 및 범위, 기타 지시사항등을 표시한다. 기호의 형태는 그림 6.38과 같으며 기호는 기선(reference line)과 지시선으로 된 설명선에 기재한다. 그림 6.39는 용접부 비파괴 시험에서 사용되는 대표적인 기호의 예를 보여준다. 기선은 보통 수평선으로 하며 필요한 경우 꼬리를 붙일 수 있다. 지시선은 시험부를 지시하는 것이며 기선에 대하여 약 60° 의 직선으로 하고 인출되는 쪽에 화살표를 붙인다. 그림 6.39는 용접부 비파괴시험에 있어 표시 될 수 있는 전형적인 기호의 예를 나타내고 있다.

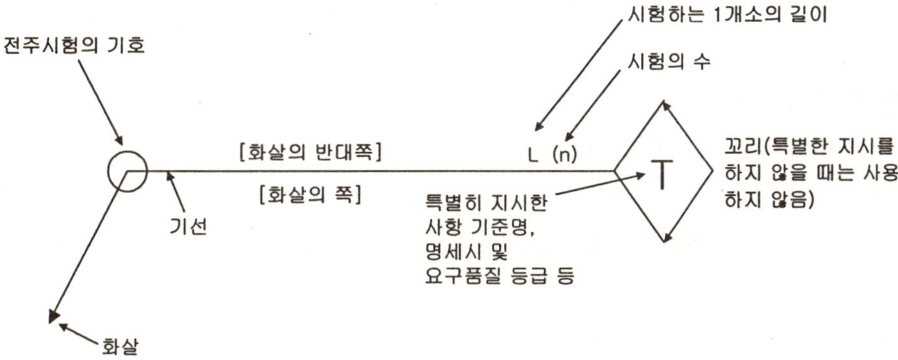

그림 6.38 용접부 비파괴검사 기호의 기재방법

6.4.2 외관 검사

외관 시험 혹은 외관 검사는 육안검사 및 치수계측시험으로 구분하나 AT를 VT와 같은 의미로 사용하는 경우가 많다.

용접부의 결함에 대한 검사방법 중에서 외관검사는 광범위하게 사용되는 비파괴 방법 중의 하나로써 제품의 품질을 보증하는 가장 중요한 검사법으로 여겨지고 있다.

각종 외관 검사 관련 규격에서는 용접 작업자, 용접 재료 및 취급, 예열 및 패스간 온도의 관리를 포함한는 넓은 범위를 명시하고 있으며 IIW에서 입안이 추진되는 용접검사자에 관한 IOS 국제규격이나 미국비파괴 검사학회(ASNT)에서는 이러한 비파괴 검사정보의 해석을 포함하는 업무를 대상으로 하여 자격을 정해 시험 및 인정을 하도록 하고 있다.

6.4.2.1 용접품질과 외관검사의 중요성

용접부의 외관검사는 가장 오래되고 널리 사용되고 있는 검사법이지만 최근에 와서는 기기를 사용하는 다른 비파괴방법들의 확대에 따라 다소 경시되는 경향이 있다.

용접부의 외관검사는 용접검사의 기본으로 용접에서 가장 중요한 형상, 치수, 구조적 응력집중, 언더컷 등과 같은 결함이 주요한 검사대상이다. 더구나 용접불량이나 용접부의 성능에 중요한 영향을 미치는 용접홈의 치수, 형상, 각변형 등은 외관검사에서 행해진다. 이 때문에 용접시공의 계획, 실시, 관리와 용접 전 및 중간, 용접 후의 외관검사를 적절히 하면 많은 경우 만족할 만한 용접부 및 용접 구조물을 얻을 수 있다.

이와 같이 용접제품 이나 구조물 제조시 도면 및 사양을 이해하여 용접시공서가 실제로 실현되는지를 확인하고 외관 검사를 하여 용접부의 품질평가를 하는 것이 필수적이다. 이런 관점에서 외관검사 및 이것을 수행하는 기술자 혹은 시스템은 용접시공 관리의 극히 중요한 위치를 차지한다.

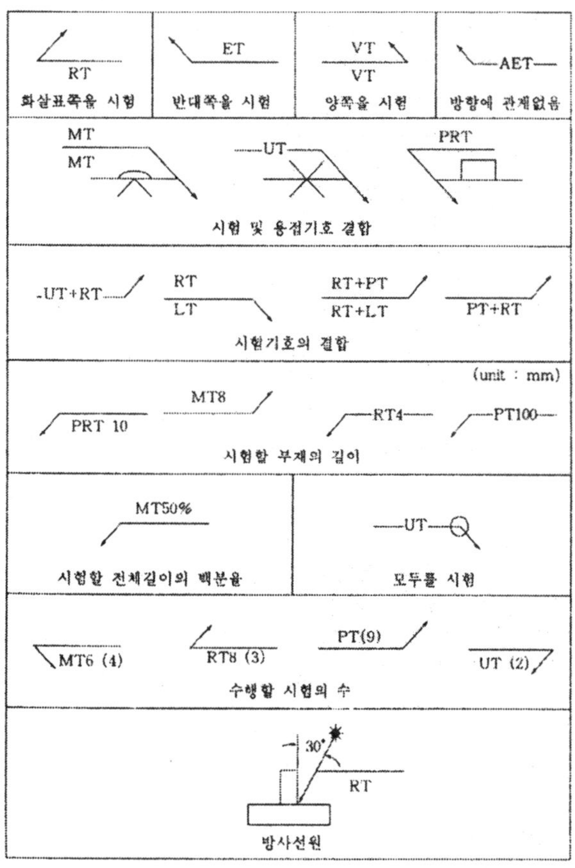

그림 6.39 용접부 비파괴 시험의 전형적인 기호

6.4.2.2 외관검사의 특징

6.4.2.2.1 광범위한 적용

외관검사는 눈으로 보는 것으로 작업이 행해지는 장소에서는 어떠한 조건에서도 적용이 가능하다. 아크 용접에서는 아크의 상태나 용융물, 용융슬라그를 관찰 할 수 있고 에어아크 가우징 중에서 용접부의 결함 및 기타 제거 상황을 확인 할 수 있으며 용접의 전 공정에 적용할 수 있다.

작업진행 중에도 검사 가능하기 때문에 정보의 신속한 입수 및 이에 따른 처리가 지체없이 이루어지므로 큰 이익을 기대할 수 있다. 따라서 외관검사를 적절히 행한다면 용접의 품질 및 경제성 확보와 향상에 큰 기여를 할 수 있다.

6.4.2.2.2 공정에 미치는 영향

외관검사는 현장에서 작업자들에게 영향을 주지 않는 범위에서 검사가 가능하며 방사선, 탐촉자의 조작, 자분 및 침투액을 적용하는 비파괴 검사들과는 큰 차이가 있다. 특수한 도구나 ,소모품, 특별한 기술이 요구되지 않기 때문에 스스로 검사할 수 있는 수단으로 아주 유용하다.

6.4.2.2.3 검사의 일관성

소재나 부품의 가공, 조립, 가우징작업시, 용접 전 용접 중, 용접 후 마무리나 교정 등 전 용접공정 단계에서 일관된 검사를 행 할 수 있다. 또한 특별한 자료정리를 하지 않을 때에도 용접부, 제품 혹은 반 제품의 전반적인 상태파악이 쉽다.

6.4.2.2.4 검사기술

검사방법이나 기기에 대한 특별한 지식과 경험은 필요하지 않고 용접시공에 관한 지식 및 용접검사의 지식만 있으면 가능하다.

6.4.2.2.5 결함의 검출능력

외관검사는 RT나 UT 등과 달리 내부결함을 검출하는 능력이 없으나 예측은 경우에 따라 경우에 따라 가능하다. 표면결함에서도 작은 결함을 검출하는 데는 MT나 PT를 이용해야 할 경우도 있다.

6.4.2.3 외관검사의 방법

6.4.2.3.1 육안검사

문자 그대로 눈을 이용하는 검사로써 보조수단을 사용하면 신뢰도를 어느정도 높일 수는 있으나 보조수단을 지나치게 사용하는 것은 바람직한 것이 아니며 자칫하면 오류에 빠질 위험이 있다.

① 육안검사와 시력

검사를 위한 시력확보는 기본적인 구비조건이다. 그러나 시력이 우수하더라도 기술력이 빈약하면 검사는 불가능하다. 교정시력이 지나치게 낮지만 않으면 기술력이 우수한 사람이 적임자이다.

② 확대경의 이용

눈을 이용하는데 있어 통상의시야와 판별력을 기본으로 할 때 시험부의 극히 일부분을 확대하여 조사하는 것은 바람직하지 않다. 단 의심스러운 부위를 판정하기위해 저 배율 확대경을 사용할 수는 있다. 이러한 수단이 시험을 정밀하게 하는 것과 혼동되어서는 안된다.

③ 조명

검사를 위해서는 충분한 조명이 있어야 하며 어두운 곳에서는 적절한 조명을 사용하여야 한다. 저 배율 확대경과 조명을 결합한 것도 유용한 방법이다.

④ 접근이 용이하지 않은 곳의 육안검사

용접이 진행되는 방향에서는 일반적으로 용접 직후의 육안검사가 가능하다. 소구경관 단면의 홈 용접부 내면등 시험부에 접근하여 직접 육안검사를 하기 어려운 경우에는 거울, 파이버 스코프(fiber scope) 등을 사용할 수 있다.

⑤ 표준시편의 사용

육안시험 항목 전부를 정량화시켜 보여주는 것은 가능하지 않기 때문에 실제용접부와 시공방법에 준한 표준시편의 사용은 큰 도움이 된다.

6.4.2.3.2 치수 계측시험

각종 자, 게이지 및 기타 도구들을 사용한다. 계측기기에는 현장에서 널리 사용되는 극히 간단한 것부터 다목적용, 치수 측정용, 한계게이지 등 여러종류가 있다.

① 계측기기의 선정

용접부의 형상, 치수 등을 계측하는 기구는 종류가 많고, 일반적인 것을 제외하고는 규격에 명시되어 있지 않기 때문에 외관검사의대상이나 제품의 품질요구에 준한 적절한 것을 선정할 필요가 있다. 현장에서 사용하는 것은 가급적 간편하고 가벼우며 견고한 것을 사용되는 계측기는 조사에는 편리하나 현장에서 사용빈도가 높은 계측에는 적당하지 않다.

② 계측기기와 관리

현장에서 사용되는 것에는 정밀도와 함께 내구성이 우수한 것이 바람직하다. 정밀도의 유지에는 기기의 특성, 사용상태에 적합한 성능의 확인과 이런 것에 준한 관리가 필요하다.

③ 통계학적 처리와 육안검사의 병행

용접부 길이 등의 계측에는 전수검사가 가능하지만 용접부단면 형상은 전수검사가 일반적으로 불가능하다. 따라서 표본검사와 통계학적 처리를 고려해야하며 발췌방법이나 발췌율을 적절히 정하는 것이 중요하다.

6.4.2.3.3 외관검사 자격

용접부의 외관검사에 요구되는 수준은 매우 높으며 용접기술의 지식과 경험이 풍부한 자가 담당하는 것이 바람직하다. 그러나 용접 외관 검사량은 다른 비파괴검사 방법을 적용하는 기술에 비하면 극히 많은 편이다. 더욱이 외관검사는 용접완료후 뿐만 아니라 용접이 관련되는 각 공정마다에서 행하여지므로 모든 외관검사를 충분한 능력을 가진 자가 수행하는 것은 불가능하다. 실제로는 유자격기술자가 외관검사 시스템을 계획하고 검사실무는 충분히 교육받은 보조작업자가 하고 있다.

외관검사를 계획, 관리하는 기술자는 용접기술에 익숙한 것은 물론 관련법규, 규격, 설계 사양, 도면 등을 잘 알아야 한다. 또한 외관검사에서 의문이 발생하는 경우 다른 비파괴검사기술을 적용하여야 하므로 이러한 기술들을 이해하는 것이 필요하다.

6.4.2.4 외관검사를 위한 보조도구

용접부의 외관검사시 용접 불연속부를 보다 용이하게 관측하거나 용접길이 등을 측정하기 위해 여러 가지 보조 수단이나 게이지가 사용된다. 검사에 사용되는 여러 가지 측정기구는 형상이나 일치도, 용접길이, 용접부 덧살 높이, 어긋남, 언더컷의 깊이 등을 측정하는데 사용된다. 전형적인 게이지를 그림 6.40에 나타내었다.

맞대기 용접이나 필릿용접부의 검사는 주로 비드형상, 층간 용접시의 표면상태 등이며 이러한 것은 표준시편을 이용하여 비교하면서 검사하면 효과적으로 업무를 수행할 수 있다. 그림 6.41은 맞대기 용접 및 필릿 용접시 사용되는 표준시편의 예를 나타내고 있다.

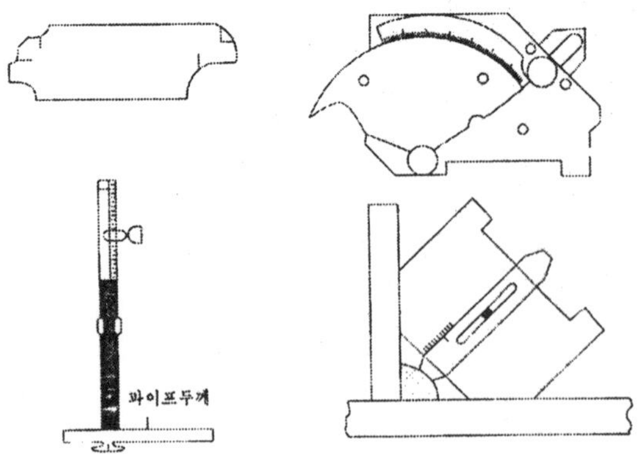

그림 6.40 전형적인 측정게이지의 예

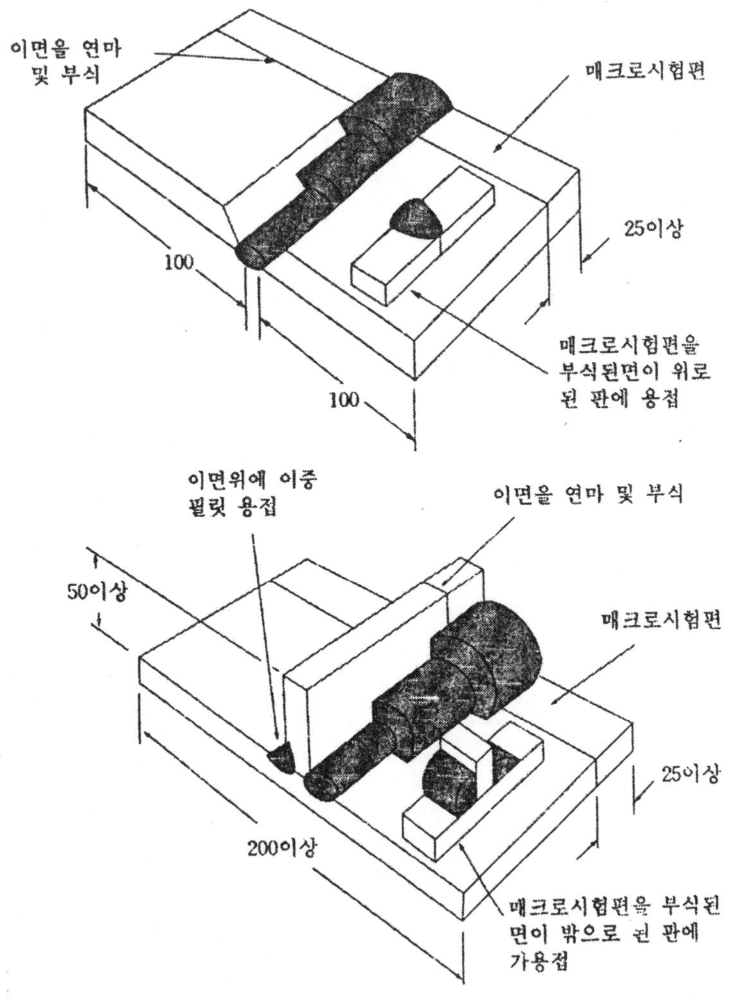

그림 6.41 맞대기 용접 및 필릿용접에 사용되는 표준시편의 예 (단위: mm)

6.4.2.5 외관검사 항목 및 기준

외관검사시 행하는 항목들은 용접형상 및 용접결함에 대한 검사로 구분된다.

6.4.2.5.1 용접부 형상에 관한 검사

용접부 형상 결함은 용접이 도면에 명시된 크기나 형상이 아닌 경우에 발생한다.

이러한 조건은 맞대기 용접을 한 경우의 덧살에도 마찬가지로 적용된다.

대부분의규격들은 맞대기 용접부의 덧살높이에 대해 엄격히 제한하고 있으며 측정은 만능게이지를 이용하면 된다. 대부분의 허용기준은 7.5mm이므로 검사자는 미리 수치를 설정해 놓고 합격/불합격 여부를 판정한다.

필릿용접 길이와 간격은 불연속 필릿 용접시에는 중요한 설계변수이며 이것은 자로 쉽게 측정할 수 있다. 오목필릿인 맞대기 용접부의 표면은 곡면이 내부로 굽어 있다. 오목도는 접합부의 양쪽에서 두께 변화가 무리없이 일어나는 정도를 말하며 용입불량 이나 오버랩과 혼동해서는 안된다. 맞대기 용접부의 오목도에 대한 합격/불합격 여부는 그림 6.42에 나타난 바와 같이 모재의 가장 얇은 부위의 두께와 용접두께로 결정한다. 필릿 용접부에서 오목도에 대한 합격여부는 실제 목두께가 지정된 용접크기에서 측정한 이론 목두께 이상이어야 한다. 이것을 측정하기 위한 게이지이며 그림 6.43과 같이 측정한다.

만약 게이지의 3점이 용접금속 및 모재와 접촉하면 용접오목도는 합격이다. 그러나 중심점이 용접 금속과 접촉하지 않으면 오목도는 불합격이며 용접부는 불합격 처리된다.

블록도는 용접표면이 표출된 정도를 나타내는 것으로 볼록도가 높으면 덧살이 높은 것과 같다. 일부 규격에서는 측정된 필릿용접 다리길이의 0.1배에 0.75를 더한 값이나, 1.5mm이하인 볼록도는 허용하고 있으나 규격에 따라 조금씩 다르다. 실제 그림 6.44와 같이 용접 목두께에서 허용 볼록도를 제외한 수치는 이론 목 두께 이하이어야 한다.

서로 다른 두께를 용접하는 경우 용접부의 경사가 일정값을 넘어서는 안 되며 연결부위는 두꺼운 부위를 가공해 준다. 그림 6.45~6.47은 미국 용접학회 규격에서 정한 용접천이부의 허용치로 천이영역이 길이 64mm에 높이가 25mm를 넘지 않도록 하고 있다.

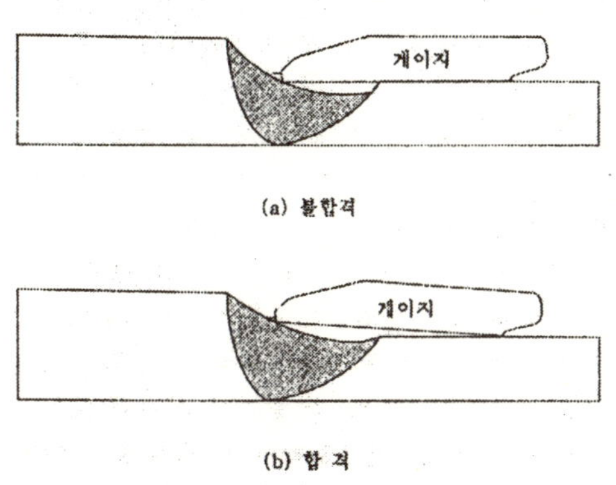

그림 6.42 맞대기 용접부의 오목도

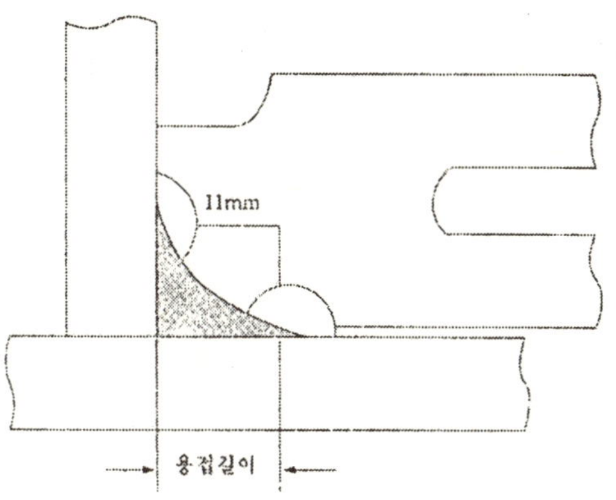

그림 6.43 필릿용접부의 오목도를 측정하는 방법

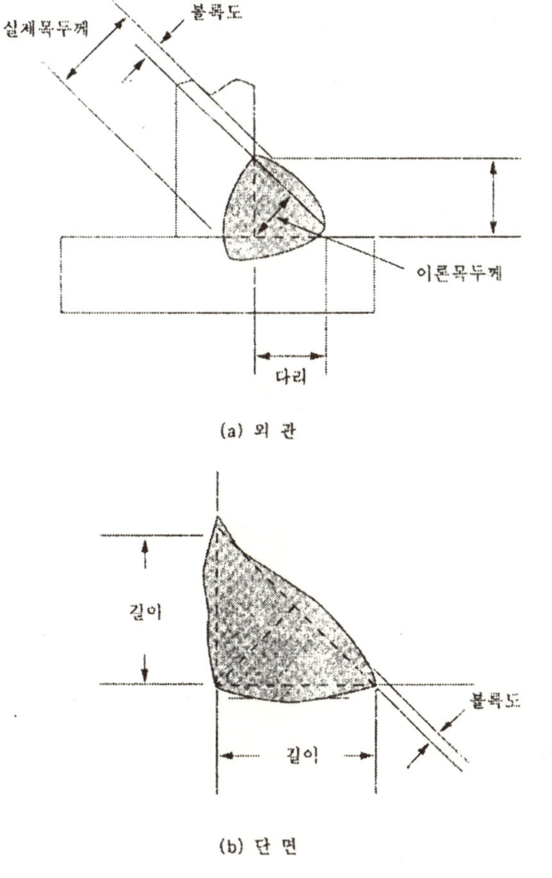

그림 6.44 합격한 필릿용접부의 형상

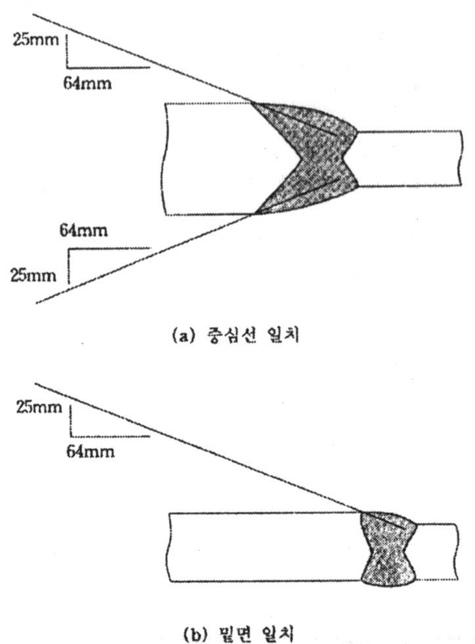

그림 6.45 경사용접에 의해 형성된 천이 영역

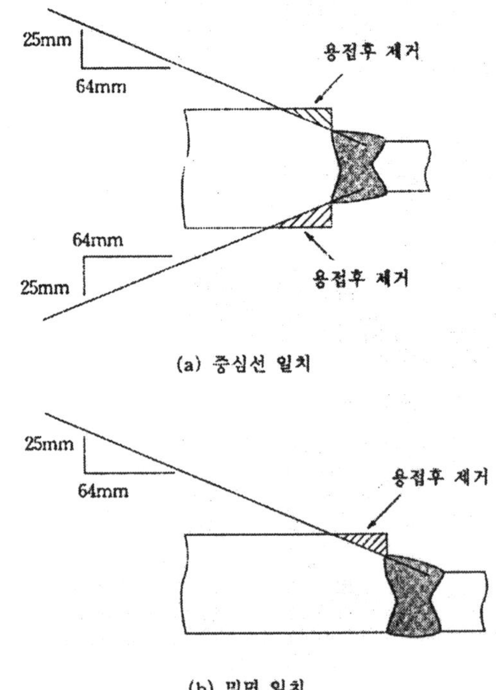

그림 6.46 경사용접 및 용접후 테이퍼 가공에 의한 천이영역

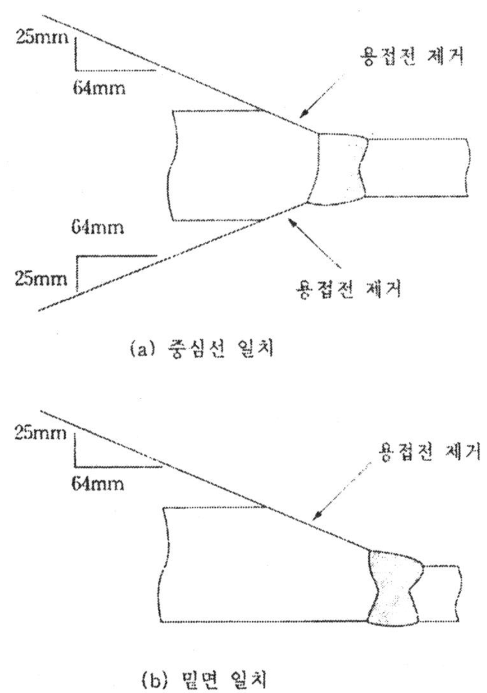

그림 6.47 용접전 테이퍼 가공에 의해 형성된 천이영역

6.4.2.5.2 용접결함의 외관 검사

외관검사시 관측될 수 있는 주요한 결함으로는 기공, 오버랩, 언더컷, 용입불량, 용접균열, 아크 스트라이크 등이다.

① 기공(pcrosity)

기공은 용접부 표면이나 내부에 존재하는 결함으로 통상 구형으로 분산되어 잇거나 덩어리 상태(cluster)혹은 선형으로 존재하기도 한다. 균일하게 분산된 기공은 현미경으로 관찰해야 하는 것부터 육안으로 쉽게 관찰 가능한 것까지 여러 가지 크기가 분포되어 있다. 덩어리상태의 기공은 작은 기포들이 집합한 것이다. 선형기공들은 전형적으로 초층용접(root pass)에서 나타난다.

표면기공들은 조명만 적당하면 통상의 시력으로도 관찰이 가능하다. 표면기공들은 일반적으로 바람직하지 않은 것이지만 제작 도면상에는 허용치를 명시할 필요가 있다. 허용한계는 기포의 최대직경이나 단위면적당의 수 등으로 나타낸다. 이때 측정을 위한 자(scale)로는 눈금표시가 0.8mm 이하의 크기를 가지는 것을 사용한다.

② 오버랩

오버랩은 용접토우나 용접루트 이상 올라온 용접금속을 말하는데 오버랩에서는 노치현상과 같은 응력집중이 일어나기 때문에 용접 완료 후에는 허용되지 않는다. 오버랩의 존재는 용접토우에서 용접 금속과 모재의 경계를 조사하여 결정하는데 이때 경계는 평탄해야 한다. 용접부와 모재와의 경계에서 접선을 고려하여 오버랩이 존재하지 않은 경우라면 용접금속과 모재와의 접촉각이 90°이상이어야 한다.

만약 오버랩이 존재한다면 용접금속과 모재와의 경계에서 접촉각은 90°미만이 될 것이다.

③ 언더컷

언더컷은 용접부의 토우나 루트에서 홈이 형성되는 현상이다. 언더컷을 정확히 측정하기는 어려우나 만능게이지 들을 사용하면 언더컷의 깊이를 측정할 수 있다. 언더컷이 존재하면 재료의 특성이 저하되므로 대부분의 사양서 에서는 이를 명시하고 있으며 일반적으로 0.8mm 까지를 허용하고 있다.

④ 용입불량

용입불량은 용접금속 루트부의 불완전 용융으로 인한 결함이다. 도면상에 완전 용입이 되도록 명시하고 있는 경우에 검사자는 루트가 용입금속에 의해 완전히 채워졌는지를 반드시 육안으로 검사해야 한다.

⑤ 용접균열

용접부의 루트, 면, 토우, 열영향부를 따라 횡방향 혹은 종방향의 표면균열 등이 육안검사에 의해 관찰된다. 이러한 균열검사에는 5배정도의 확대경이 적당하다. 극히 제한된 경우지만 육안으로 검사할 수 없는 정도의 균열크기는 허용되는 경우도 있다.

⑥ 아크 스트라이크(arc strike)

아크 스트라이크는 용접금속이나 모재에 불필요하게 용접봉을 접촉하여 아크를 발생시켰을 때 형성되는 결함이다. 용접 클램프를 불완전하게 연결하였을 때 발생할 소지도 있다. 아크 스트라이크에서는 국부적인 경화 ,현상 및 균열발생의 원이 되기도 한다.

이상과 같은 외관검사시 관찰되는 전형적인 용접결함을 그림 7.48에 나타내었다.

6.4.2.6 외관검사에 관한 규격

용접부의 외관검사는 각종 용접구조물, 용접제품등을 대상으로 하여 각국의 규격, 기술기준 등에 명시되어 있다. 판정기준은 검사방법과는 무관하게 표면 및 내부 결함의 허용수준을 정하는 방법을 각 나라마다 제시하고 있다.

KS나 JIS 에서는 용접부의 외관검사에 관한 규정이 없으며(단 일본용접협회규격 WES2006에는 가용접부의 외관시험방법을 규정하고 있음) ISO 국제규격이나 미국 용접학회발간서, 영국규격 등에는 외관검사에 관한 지침이 명시되어 있다. 일반적인 용접부의 외관검사에 관한 규격은 BS5289의 "용접부 외관검사의 실기코드" 이며 제품을 특정하지 않고 일반적인 용접부를 대상으로 하여 외관 검사에 관한 사항을 규정하고 있다.

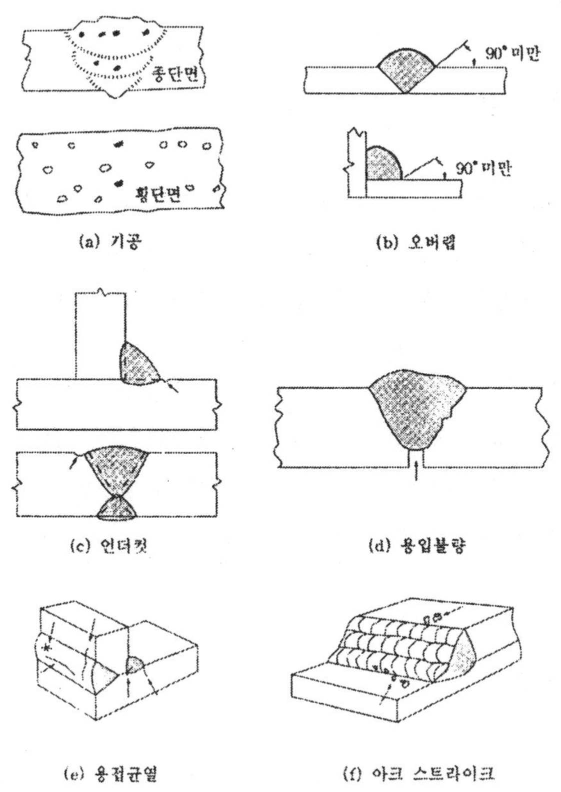

그림 6.48 외관검사시 관찰되는 전형적인 용접결함

6.4.2.7 외관검사의 절차

용접부의 외관검사 절차는 크게 용접 저 검사, 용접 중 검사 및 용접 후 검사로 나눈다.

용접 전 검사는 일반적으로 시공자에 의해 스스로 검사하지만 용접이 완료된 후의 용접이 완료된 후의 용접품질에 중요한 영향을 미치게 되므로 신중을 기해서 검사를 해야 하는 부분이다.

용접 중 검사는 각 용접 작업자에 의해 행해진다. 용접 작업자는 각 층간이 용접 전 용접중, 용접 후 슬래 그 완전제거의 확인이나 비드 형상 등에 대해 충분한 검사를 해야한다.

용접 후 검사는 자체검사를 하는 것은 물론이거니와 완전검사의 일환으로 행한다. 특히 표면장태의 검사는 다른 바파괴검사 결과에 큰 영향을 미치는 것이므로 신중을 기해야 한다.

6.4.3 방사선 투과시험

방사선 투과시험(radiographic testing)은 X-선이나 감마선을 대상물에 투과시킨 후 결함의 존재 유무를 필름 등의 이미지로 판단하는 피파괴시험 방법이다. 대상물에 빛을 조사하게 되면 일부는 흡수되고 일부는 산란되며 일부는 투과되어 필름등에 나타나게 된다.

용접부에 대한 방사선 조사시 용접부를 통과하는 에너지양은 재료의 밀도나 결함, 두께 변호, 조사선 특성에 따라 달라진다. 방사선 투과시험의 구성요소로는 투과되는 조사선원, 용접부 등의 대상물, 필름 등과 같은 관찰장비, 시험을 원만히 수행할 수 있는 유자격자, 시험수행에 필요한 장비 및 결과를 판독할 수 있는 능력 있는 기술자 등이다.

6.4.3.1 방사선 투과시험의 원리

방사선 투과시험에 사용되는 선원은 X-선과 감마선의 두 종류가 있다. X-선 감마선은 시험체를 투과하는 성질이 있으며 투과 정도는 재료를 구서하는 원소와 두께에 따라 달라진다. 또한 시험체 중에 불연속부가 존재하면 방사선의 흡수가 달라지고 이것은 방사선 투과사진 상에서 명암도로 나타나며 이것을 관찰하면 시험체 내부의 결함을 알 수 있다. 그림 6.49는 그 원리를 나타낸 것이다. 이 그림에서 시험체를 투과한 후의 방사선 강도를 나타낼 수 있다.

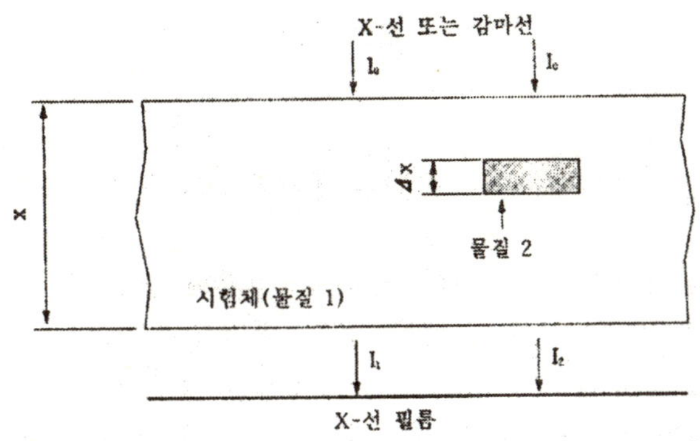

그림 6.49 방사선 투과시험의 원리

6.4.3.2 방사선 투과시험 장비

6.4.3.2.1 방사선 장치

① X-선 발생장치

X-선 발생장치들은 가속 전압에 의해 분류되며 80kV의 저 전압용으로부터 휴대용으로는 400kV 정도, 특수용으로 수 MV 까지의 여러 종류가 있다. 장비는 사용조건, 용도, 특수성에 따라 적당한 것을 선택해야한다. 장비는 크게 나누어 X-선관, 전원 연결부, 제어장치 등으로 구분되며 X-선 관 내부는 유리관, 양극, 음극등으로 구성되어 있으며 초점은 관내부에서 X-선 발생시 전자가 충돌하는 타깃으로부터 발생하는 면적을 말하고 초점이 작을 수록 사진의 분해능을 좋게 해준다. 그림 6.50에 대표적인 휴대용 X-선 발생장치를 나타내었으며 사진 6.51은 고정식 X-선 발생장치를 이용한 적용 예를 보여주고 있다.

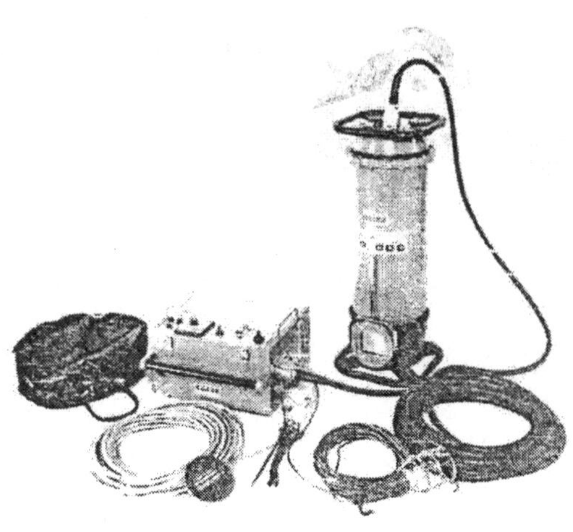

그림 6.50 휴대용 X-선 발생장치

사진 6.51 고정식 X-선 발생장치를 이용한 적용 예

② 감마선 발생장치

감마선원에서는 방사성물질이 방사선은 방출한다. 방사선 시험에 적용되는 대부분의 동위 원소는 그 직경과 길이가 거의 같은 원통형으로 되어 어느 면을 사용하여도 초점으로서의 선원의 형태를 갖추게 된다. 그림 6.52는 대표적인 방사성 동위원소 발생장치 및 튜브를 보여주고 있다.

6.4.3.2.2 촬영장치

① 증감지(screen)

증감기는 산란방사선을 줄이고 감광속도를 증가시켜 선명한 사진을 얻기 위하여 사용하며, 증감지는 납 증감지(lead screen), 형광 증감기(fluorescent screen) 등이 있다.

그림 6.52 감마선 발생장치

② 카세트와 필림홀더

사진을 촬영할 때 증감지를 사용할 경우 필름과 증감지의 접촉을 양호하고 일정하게 하는 역할을 한다.

③ 투과도계(penetrameter)

방사선 투과 시험 기술의 타당성을 점검하는데는 표준시험편을 사용하며 이것을 투과도계 혹은 IQI(Image Quality Indicator) 라고 한다. 즉 투과도계는 촬영한 사진이 우리가 요구하는 기준이상의 사진이 되었는지를 판단하는 것으로 투과도계의 구멍이나 선의 윤곽이 확실하지 않은 경우에는 결함을 판독할 수가 없다.

투과도계의 종류는 국가별로 여러 가지가 있으며 우선 가장 많이 사용되는 ASTM형 이외에 일본의 JIS형, 독일의 DIN형, 프랑스의 투과도계(AFNOR), 영국형투과도계(BWRA), 원형투과도계등이 있고 미육군에서 사용하는 MIL-STD-453형 등이 있다. 우리나라에 제정한 KS형은 일본의 JIS형과 동일하다.

④ 계조계(contrastmeter)

계조계는 두께가 다른 각 부분의 중앙부근 농도를 측정하여 1mm의 두께에 대응하는 농도차로부터 투과사진의 상질을 구하기 위해 사용한다. 따라서 계조계의 주변으로부터 흑화가 확대되어 중앙까지 영향을 미치지 않도록 적절한 크기가 필요하다.

KS B 0845에 의하면 계조계의 구조는 그림 6.53에 있는 바와 같이 I형과 II형이 규정되어 있고 계단 모양을 갖는 것으로서, 두께가 1,2,3mm인 것을 I형(II형과의 구분을 위해 1mm두께부위에 직경 1mm의 구멍이 있다) 으로 하고 3,4,5mm 인 것을 II형으로 한다. 각각이— 두께의 부분은 정사각형이며 1번의 길이는 15mm로 되어 있다.

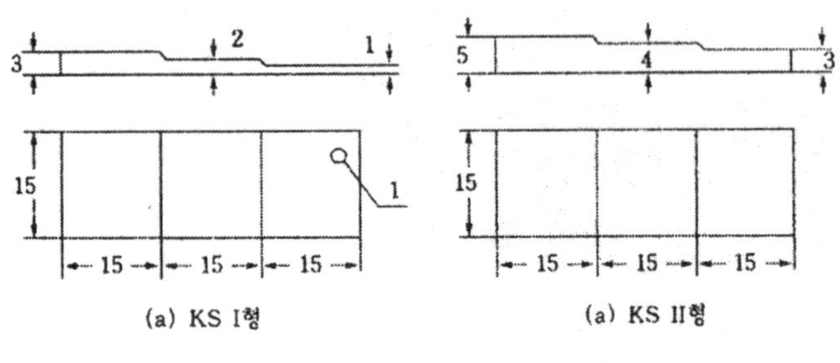

그림 7.53 계조계이 구조(단위:mm)

⑤ 기타

이외에도 스텝 웨지(step wedge) 및 납글자, 마그네틱 척(magnetic chuck)등이 있다.

6.4.3.2.3 판독장비

① 필름농도계

방사선 사진의 품질을 점검하고 판독을 행하는 과정 또는 행하기 전에 필름의 농도를 측정한다. 농도계의 성능은 농도계를 사용하여 측정한다. 농도계의 성능은 모든 방사선 그림에 대해 일정한 농도기준을 유지해 주는 것이 중요하다. 그림 6.54는 통상 사용되는 농도계의 일종이다.

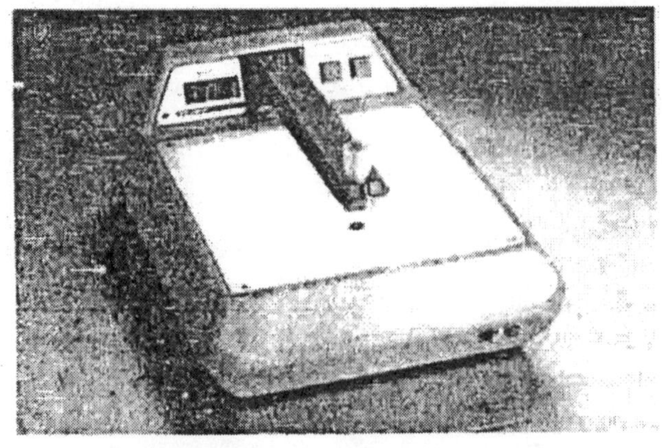

그림 6.54 농도계의 예

② 판독기

필름을 충분한 조명의 밝기로 하여 판독하는 장비이다.

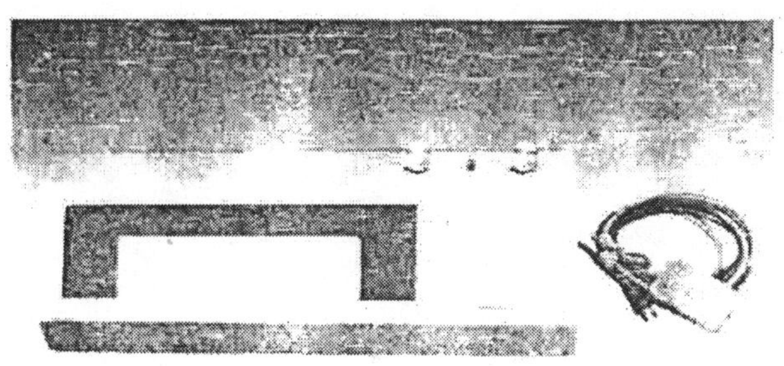

그림 6.59 필름 판독기

6.4.3.3 방사선 투과시험 규격

방사선 투과시험 관련 규격은 각국마다 다양하게 규정되어 있으며 국내의 경우 철강, 알루미늄, 티타늄 등의 금속에 대한 용접부의 방사선 투과시험을 포함 10개 정도가 현재 제정되어 있는 상태이다. 표 6.6은 용접부의 방사선투과시험에 관한 KS 규격 및 제목을 나타낸 것이다.

표 6.8 용접부의방사선 투과시험 공업 규격(KS)

규격	규격
KS B 0845-1976(1992확인)	강용접부의 방사선 투과시험방법 및 투과사진의등급분류방법
KS D 0237-1982(1992확인)	스테인리스강 용접부의 방사선 투과시험방법 및 투과사진의 등급분류방법
KS D 0239-1982(1992확인)	티탄용접부의 방사선 투과시험방법 및 투과사진의 등급분류 방법
KS D 0242-1987(1992확인)	알루미늄용접부의 방사선 투과시험방법 및 투과사진의등급분류 방법
KS D 0243-1991	알루미늄 관의 원주 맞대기 용접부의 방사선 투과시험방법
KS D 0245-1992	알루미늄의 T형 용접부의 방사선 투과시험방법
KS B 0888-1988	배관용접부의 비 파괴검사법
KS B 0896-1977(1990확인)	강 용접부이 초음파 탐상시험 방법시험 방법 및 시험결과의 등급분류방법

6.4.4 초음파 탐상시험

6.4.4.1 초음파 탐사시험의 개요

6.4.4.1.1 정의 및 원리

초음파탐상시험은 초음파가 가지고 있는 물질적 성질을 이용하여 금속 등의 재료 및 그 접합부재 중에 존재하는 비파괴시험의 한 가지다. 초음파는 귀로 들을 수 있는 음파(주파수 20Hz~20kHz)보다 높은 주파수 성분을 갖는 음파를 말한다. 초음파탐상시험은 탐촉자로부터 보통 1~10MHz이 초음파펄스를 시험체에 입사시켜 내부에 결함이 있으면 그곳에서 입사 초음파의 일부가 반사되어 탐촉자에 수신되는 현상을 이용하여 결함의 존재 위치와 크기등을 비파괴적으로 조사하는 내부결함 검출방법이다. 예를 들면 철강재료나 그 용접부의 비파괴시험방법으로 압력용기나 건축철골 등의 구조물에 잘 적용되고 있다. 또한 철강재료 이외에 신소재로 주목받고 있는 세라믹이나 FRP등 첨단재료의 초음파에 의한 재료 특성평가등에 적용될 때는 초음파 비파괴평가 기법이라는 용어가 사용되고 있다.

6.4.4.1.2 초음파 탐상 시험의 특이성

초음파는 음파이지만 귀로 들을 수 없고 공기중에서 초음파 탐상에 사용하는 고주파수의 음파는 감쇠가 심하다. 파동이기 때문에 전파나 빛의 성질과 유사한 점이 많으나 다른점도 많다.

파장이 짧고 탄성적인 성질을 가지며 고체중에 잘 전파한다. 원거리에서 초음파빙은 확산에 의해 약해지고 재료에 따라서 결정입계면에서 초음파가 산란에 의해 약해진다. 경계면에서 초음파는 굴절, 회절, 반사하는 성질이있다. 고체내에서는 종파 및 횡파의 2종류가 존재하며 이들은 서로 모드 변환을 일으키며 입자진동이 작다.

6.5 각종 접합부의 시험방법

6.5.1 마이크로 접합부의 시험방법

마이크로 접합부는 반도체소자, 전자부품 및 최근 주목받고 있는 멀티미디어 등의 내부 접합부위를 말한다. 이 마이크로 접합부는 접합하고자하는 대상부가 미소·미세하기 때문에, 접합대상부의 치수가 큰 경우에는 문제가 되지 않았던 접합부의 용해량, 확산두께, 변형량, 표면장력등의 영향을 고려해야한다. 따라서 접합부의 시험방법도 이러한 치수효과를 고려하여 품질을 평가해야 할 것이다. 특히, 미세전자제품의 접합면적은 수십 μm^2이하의 것도 많고, 접합이 되는 부품 및 제품이 고기능·다기능의 품질을 요구하기 때문에 일반 접합부의 시험방법보다 각별한 주의를 해야한다.

6.5.1.1 기계적 강도 실험

고기능·다기능화된 전기·전자회로에 있어서 미세접합부의 기본적인 특성으로 정적강도 시험과 접합부의 수명과 관련되는 열피로, 크립 등의 동적 강도 시험이 있다. 따라서 접합부의 신뢰성을 보증하기 위해서는 합당한 파손모델을 선정하여 표준화된 시험을 실시해야 한다.

6.5.1.1.1 정적 파괴시험

이시험방법은 접합부의 형상 및 응력상태에 따라 인장시험, 전단시험, 인장 전단 시험, 굽힘시험, peel 시험등이 있다. 각각의 방법은 사용환경에 따라 응력의 방향 및 크기를 고려하여 시험방법을 선정하면 될 것이다. 기본적으로 전기·전자소자에 직접 기계적응력을 사용하지 않으나, 어느 정도 강도를 지니고 있는지를 조사하여 구조체로서 문제가 없는지를 확인하기 위해서 이루어지는 시험방법이다.

① 인장시험

인장시험은 일반적으로 제품과 동일한 견본을 제작하여 수행하는 경우가 많다. 전자부품인 경우에는 업체 및 제품의 규격에 따라 인장강도의 목표값을 설정하여 평가하고 있다.

마이크로 일렉트로 접합 · 접속계층에서 제 2계층에 해당되는 와이어 본딩의 경우는 그림 6.76 (a), (b)에 보인것처럼 1점 접합부 인장시험(single bond pull test)과 2점 접합부의 인장시험(double bond pull test)이 있다. 그림중 (a)의 경우는 볼본딩 (boll bonding)을 나타내고 있으며, 와이어의 직경이 수십 ㎛이므로 시험에 사용되는 지그등에서 미끄러지지 않도록 각별한 주의를 해야한다. 그림 중 (b)는 볼본딩과 웨지 본딩(wedge bonding)의 형상을 나타내는 것으로 실리콘 칩과 리드(inner lead) 표면의 높이가 일치하지 않으며, 일반적으로 갈고리식의 단자등을 와이어에 걸어서 시험하고 있다. 또한 와이어 본딩이 완료되면, 곧바로 부하를 걸어 기준하중을 만족시키는지 검사하는 장비도 개발되어 현장에서 사용되고 있다.

접합부의 강도는 와이어의 재질 및 직경에 따라 다르지만, Au와이어인 경우 수 g 정도이다. 이 방법은 사용와이어의 강도를 확인하는 시험이기도 하다.

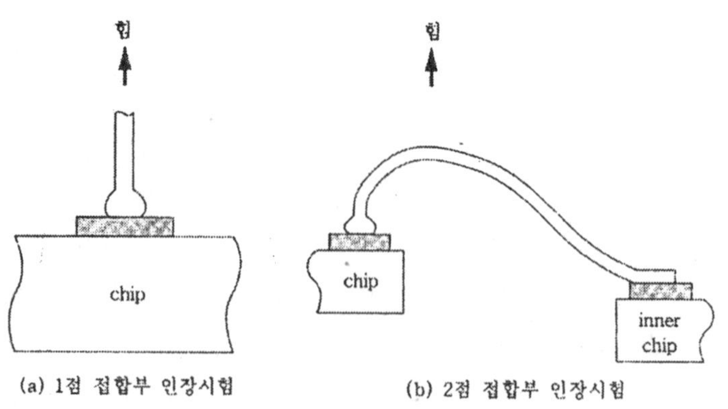

(a) 1점 접합부 인장시험 (b) 2점 접합부 인장시험

그림 6.76 와이어 접합부의 인장시험

② 전단 시험

앞에서 기술한 인장시험법은 와이어 본딩의 와이어나 모재자체의 강도를 파악하기 위한 시험법이었으나 전단시험은 그림 6.77 에 나타낸 것처럼 *Ag*페이스트를 접합제로 사용하여m, 반도체 칩과 다이패드가 접합된 접합계면의 특성 파악과 접합성 평가에 적합한 시험법이다. 이와 같은 전단시험법은 볼본딩부나 다이본딩부의 계면 접합상태를 파악하기위해 수행되며, 접합계면의 기공(void)조재등을 파악하는데 유효한 시험법이다.

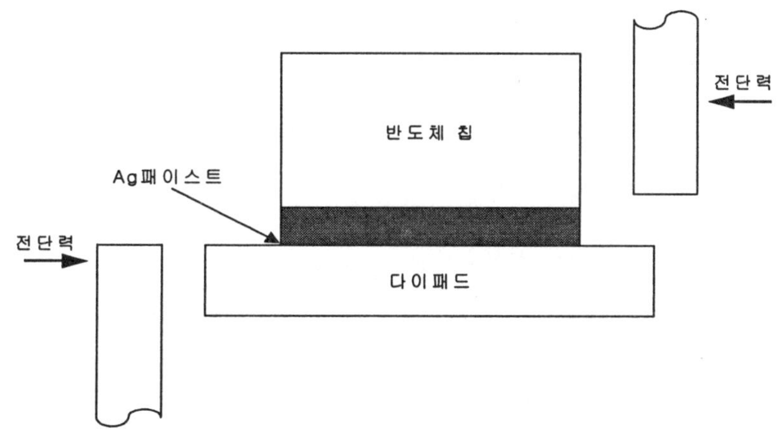

그림 6.77 전단시험법

③ 인장 전단시험

플랫 VLSI 패키지(flat VLSI package)의 리드와 기판상의 패턴과의 접합시에는 그림 6.78에 보인 것처럼 인장 전단시험을 한다. 이 시험은 외관상으로는 인장시험과 동일하지만 접합부에서는 전단응력이 작용하게 된다. 단 접합부의 응력분포를 고려하면 접합부의 가장자리에서 전단응력 및 인장응력의 최대가 되어, 인장응력이 전단응력보다 커지는 경우도 있다. 따라서 이 시험법은 파단형태가 인장모드와 전단모드중에서 어느쪽이 지배적인가에 의하여 접합부의 특성을 판정하게 된다.

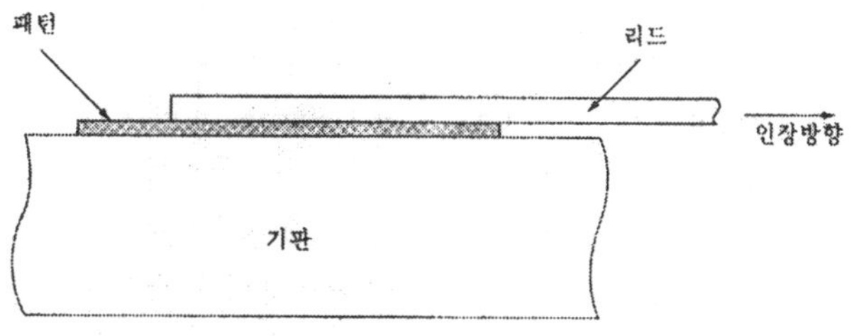

그림 6.78 인장전단시험법

④ Peel 시험

이 방법은 접합부의 품질을 정량적으로 평가할 수 있는 방법으로 박막의 접합구조상태, 솔더접합부 계면의 박리상태등을 파악하는데 사용되는 시험법이다. 그림 6.79는 peel 시험을 나타낸 것이며, 응력이 박리부분에 집중하게 되므로 계면의 접합상태를 파악하는데 유효한 시험법이다.

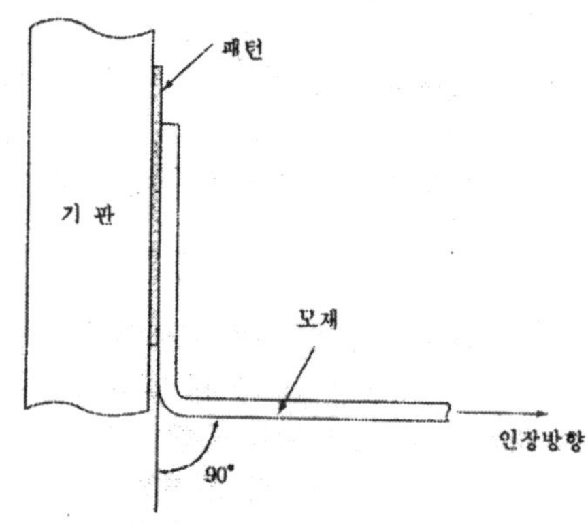

그림 6.79 굽힘시험용 지그

⑤ 굽힘시험

굽힘시험은 그림 6.80에 보인 것처럼 굽힘용 지그를 사용하여 시험을 하며, 그림과 같이 시험재와 접촉되는 접촉되는 지그의 형상에 E라 굽혀지므로, 곡률반경이 일정한 지그를 재작하여 일정한 굽힘모멘트가 시험재에 작용하여 원하는 형상으로 굽혀진다. 이시험은 주로 증착된 박막이나 도금된 리드의 접합성을 파악하기 위하여 사용한다. 예를 들어, 도금($Sn, Sn/Pb, Ni, Au$ 등)된 리드를 45°,90°로 굽혀, 도금막과 리드계면의 접합상태 및 도금막 자체의 균열등을 파악하는 시험이다.

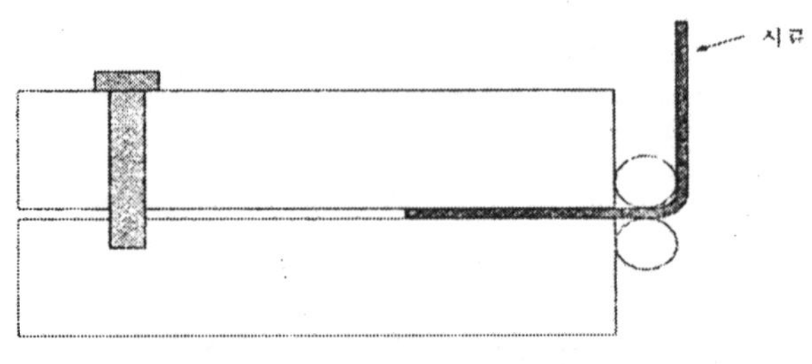

그림 6.80 굽힘시험용 지그

6.5.1.1.2 동적 파괴 시험

동적 파괴시험의 종류로는 피로(열피로), 크립, 진동과 충격시험 등이 있다. 전기전자부품을 비롯하여 자동차의 전장부품, 인공위성에 들어가는 전장부품등에 적용되는 소재 및 접합부는 온도변화, 진동 및 충격 등의 영향을 받으므로 동적파괴시험의 대상이 된다.

6.5.1.2 환경시험

환경시험은 부품 및 제품이 실제 환경분위기에서 사용되는 경우를 고려하여 수행되는 시험이다. 따라서, 환경시험 인자로는 온도, 습도, 소음 및 진동, pH, 화학적 반응을 포함하여 앞에서 기술한 역학적 시험도 여기에 해당된다. 역학적 시험법은 중복되는 내용이 많으므로 여기서는 전기화학적 바응인 부식성 분위기에 대하여기술하겠다. 마이크로 접합·접속부위에서 전기화학적 반응에 의해 가장 문제시 되고 있는 것은 이온 마이그 네이션(ion migration)이다.

6.5.1.2.1 이온 마이그레이션

이온 마이그레이션 현상은 단자간에 직류전압을 걸어주면 저기 화학적 반응에 의해 일어나는 현상이다. 그림 6.81에 이온 마이그네이션의 발생 패턴을 나타내었다. 이온 마이그네이션이 발생하면 양극으로부터 금속이온이 절연층내에 용출되고, 이것이 석출하여 점차적으로 절연층을 단락 시킨다. 이때 그림에서 나타낸 것처럼 양극으로부터 뻗어나온 금속이온이 환원석출하거나 화합물로 석출하는 경우와 양극에서 나온 금속이 음극까지 도달하여, 음극으로부터 전자를 얻어 환원석출하는 경우가 있다. 전자의 경우는 절연저항이 비교적 큰 기판이 수분을 흡습하여 절연저항을 떨어뜨리는 경우이므로 습도가 높지 않으면 일어나지 않는다. 후자의 경우는 원래 기관의 절연저항이 전자의 절연저항보다 월등히 낮기 때문에 습기가 없는 상태에서도 발생할수 있다. 이온 마이그레이션의 발생빈도와 차이는 금속의 종류에 따라 다르다.

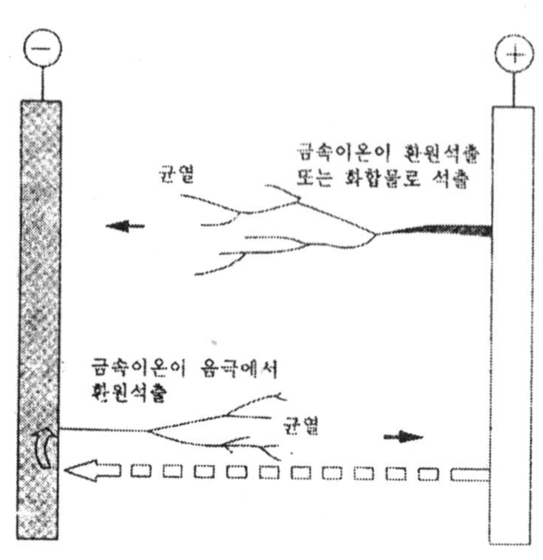

그림 6.81 이온 마이그레이션의 발생

6.5.1.2.2 이온 마이그레이션 방지대책

이온마이그레이션 방지대책으로는 ① 분위기 및 사용조건, ② 도체금속, ③ 플럭스, ④ 전극간 절연층 등이 중요한 요인이다.

① 분위기 및 사용조건

분위기나 사용조건에 관해서는 고온,고습도 또는 이온성 성분이 있는 분위기에서 사용하는 경우 무엇보다도 이온 마이그레이션에 의한 열화가 우려되므로, 환기 등을 통해 프린트 배선판이나 기판에 영향을 미치지 않도록 해야한다.

② 도체금속

도체금속에 있어서는 금속의 종류에 따른 이온마이그레이션의 발생정도가 달라지므로, 발생하기 어려운 금속으로 코팅하거나 합금화시키는 등의 대책이 필요하다. 예를 들어 *Ag*과 *Pb*의 합금화 , *Pb*와 *Sn*의 합금화, *Cu*에 *Ni*도금등이 있다.

③ 플럭스

플럭스의 이온성분이 이온마이그레이션을 촉진시키므로 세정에 의하여 제거하거나 할로겐 이온이 없는 플럭스의개발등이 필요하다. 또한 최근의 프레온가스의 규제와 더불어 무세정화의 움직임도 활발하여 저잔사플럭스와 질소 리플로의 병용이 검토되고 있다. 아울러 플럭스에 할로겐 이온이 포함되어 있었고 사용공정에서 제거함으로서 내이온마이그레이션 성질을 향상시키는 제안도 나와 있다.

④ 전극간의 절연층

전극간의 절영층을 유지하기 위해서는 흡습을 어렵게 하고, 이온성성분을 줄이는 줄이는 것이 필요하다. 또한, 방습차원에서도 도체를 포함해서 내습성이 좋은 유기물을 코팅하는 것이 효과적이다. 장벽을 만드는 의미로 전극간에 레지스터를 삽입하는 경우도 있다.

6.5.1.2.3 비파괴시험

접합부를 비파괴시험으로 평가할 경우 시간이 절약 및 보이지 않는 접합부위의 상태를 검토할 수 있다. 즉 미세·미소 부위의 접합부 및 구조상 파괴시험이 어려운 경우에는 비파괴시험을 이요하면 편리한 경우가 많다. 이 방법은 기계적 파괴검사와 달리 시료를 파괴하지 않고 내부결함을 검출할 수 있기 때문에, 현재로서는 장비의 발달과 더불어 컴퓨터 등의 산업 전자기기분야에서는 생산라인의 거의 대부분 사용되고 있는 경우도 있다. 평가방법의 종류로는 X-선, 초음파, 적외선과 레이저 등을 이용해서 개발된 시험장치 등이 있다. 특히, 초음파를 이용한 시험장치는 용접부의 비파괴 검사를 중심으로 보급되어 왔으나, 반도체 패키지 내부의 박리결함등의 검사용으로도 사용되고 있으며 세라믹 재료의 경우는 물성평가방법으로 응용되고 있다.

한편, 적외선과 레이저를 이용한 비파괴시험장치도 개발되어 실용화가 이루어졌다. 그림 6.82에 적외선과 레이저를 이용한 비파괴시험장치의 측정원리를, 그리고 그림 6.83에는 정치의 구성을 나타내었다. 그림 6.82에서 알 수 있듯이 접합부가 레이저에 의해 가열되면, 보이드 등 내부결함이 있으면 열의 전달 방향 및 크기가 달라지는 원리를 이용한 것이다. 결국, 결함이 존재하는 시료 표면상의 온도는 다른 표면의 온도보다 높아질 것이다.

열의 검출은 적외선 카메라를 이용하고 있으면, 시료표면의 열화상을 컴퓨터로 처리하여 판단하게 되다. 이와 같이 비파괴시험장치는 전자 우주기기분야를 중심으로 활용되고 있으며 앞으로도 많은 연구개발이 진행될 것이다.

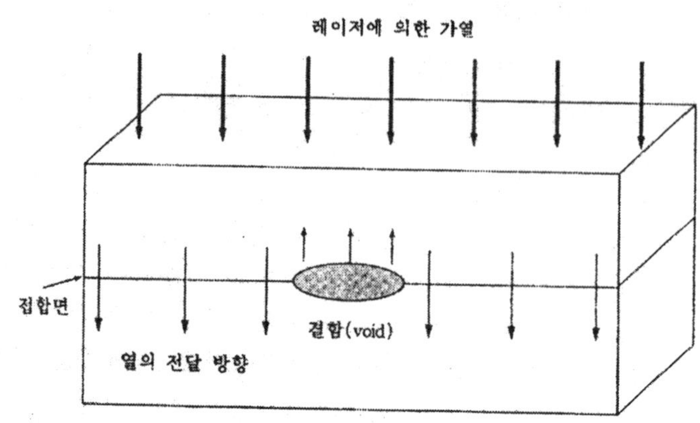

그림 6.82 적외선 레이저를 이용한 비파괴 검사의 원리

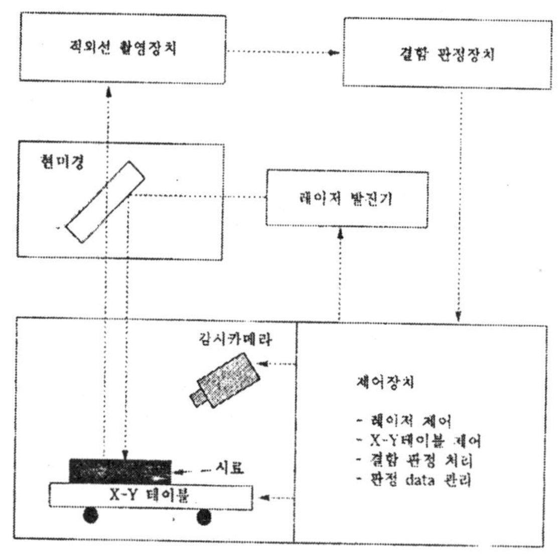

그림 6.83 적외선 레이저를 이용한 비파괴 검사장치의 구성의 예

6.5.2 솔더 접합부의 시험방법

전자부품 및 기기의 기능상 고장은 제품의 종류와 사용조건, 환경조건 등에 의해 크게 달라지지만 일반적으로 초기 고장기간, 우발 고장기간, 마모 고장기간 등 3개의 고장기간으로 구별할 수 있다. 또 솔더 접합부의 시험검사는 초기 고장기간중 제품의 사용시작단계까지의 설계착오나 제조상 과오, 제품의 불량 혹은 직업상 과

오에 의한 불량등을 검사한다. 여기에서 중요한 점은 외관을 관찰함으로써, 초기 고장기간 이후의 품질까지 보증하여 전자정치의 기능을 충분히 발휘할 수 있게 하는 검사이기도 하다.

따라서, 시험 및 검사는 솔더 접합부의 일시적인 양부를 판정하는 것만 아니라 배선작업 이나 부품실장에 필요한 주변작업을 포함해서 실시해야 한다. 또한, 기기납품 후에도 환경적인 스트레스나 사용중의 스트레스에 의해 발생하는 열화 메카니즘에도 대응할 수 있도록 시험을 해야 한다.

6.5.2.1 외관시험

솔더 접합부의 외관시험 항목과 그 내용을 표 6.7에 나타내었다.

표 6.7 솔더접합부의 외관상 시험 항목

현상	시험요구사항
솔더가 잘 흐르며 원하는 형상을 하고 있는가?	젖음성,솔더의 양 (청정상태, 가열)
광택이 있으며 매끄러운가	화합물(합금),확산(가열,시간)
솔더의 두께가 얇으며 리드선이 잘 나타나 있는가	솔더의 양, 젖음성 (청정상태, 가열)
균열이나 핀홀 등의 결함이 있는가	외관상의 이상 (응력, 청정상태,열용량)

표에서 알 수 있듯이 외관상 양호한 솔더란 기본적으로 표중의 4가지 항목을 만족시켜야 한다.

표에서 ①은 솔더의 젖음상태를 나타내고, 금속표면의 청정도와 가열온도와 관련되는 항목이며, ②는 확산이나 합금 진행상황으로 가열온도와 가열시간과 관련되는 항목이다.

③은 솔더의 양으로 이것도 금속표면의 청정도, 가열 온도와 가열시간이 관련되는 항목이며, ④는 접합면의 외관형상의 불량을 나타내며, 잔류응력, 온도상승의 불균형 청정도 등이 주요원인으로 알려져있다.

6.5.2.2 기계적 강도시험

솔더 접합부의 기계적 성질은 정적 특성으로 평가할 수 있다. 솔더의 융점은 낮으므로 (공정조성 솔더 : 456K) 솔더에서 상온은 융점(Tm)에 대하여 0.5Tm 이상인 재결정 개시온도에 해당되며, 상온이상의 온도 환경에서는 점성이 풍부한 변형거동을 나타낸다. 표 6.8은 솔더의 기계적 성질에 영향을 미치는 인자에 대하여 정리한 것이다.

6.5.2.2.1 파면형태

그림 6.84에 솔더 접합부의 파괴모드를 나타내었다. 그림 6.84와 같이 파괴모드는

- 솔더 자체의 소성변형에 의한 파괴
- 접합 계면에서의 박리 및 접합계면 부근에서의 솔더와 계면이 혼합된 파괴
- 기판 자체의 파괴
- 리드파단 등으로 분류된다.

한편, 실제로 실장되는 부품과 접합부의 강도 평가는 열팽창 · 수축 차이에 따른 접합부의 응력분포를 정확하게 파악할 필요가 있으며, 그러기 위해서는 수치해석법에 의한 모의 해석과 실험의 병용이 필요하다.

표 6.8 솔더합금의 기계적 성질에 영향을 미치는 인자

<table>
<tr><td>잠재적 인자</td><td>· 합금 조성
-주요구성원소
-첨가원소
-불순물 원소

-냉각속도</td><td rowspan="2">평가방법인자</td><td rowspan="2">· 형상
-이음부
-크기

· 시험조건
-변형률속도
-온도

· 응력
-인장
-전단
-압축</td></tr>
<tr><td>환경인자</td><td>· 시효조건
-온도
-시간
-응력
-부식</td></tr>
</table>

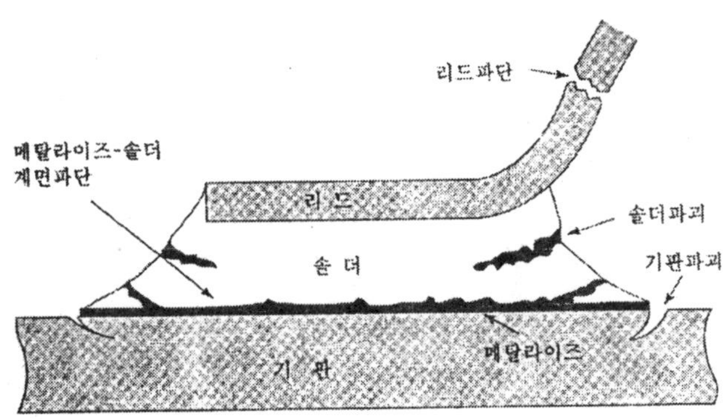

그림 6.84 솔더 접속부이 파괴 형태

6.5.2.2.2 인장전단시험

인장전단시험은 외관상으로 인장시험과 동일하지만 접합부에서는 전단응력이 작용하게 된다. TAB(Tape Automated Bonding)의 ILB(Inner Lead Bonding), OLB(Outer Lead Bonding) 및 플렛 IC 패키지의 바깥리드를 기판상의 패턴과 접합하여 접합부의 강도시험시에 적용되는 시험법이다. 그림 6.85는 VLSI 패키지의 리드와 PCB상의 전극 패턴과를 국부 가열 방법인 펄스 히트 가열방식으로 솔더링하여 접합부의 기계적 강도를 실험한 결과이다.

그림과 같이 솔더 접합부의 인장전단 강도는 가열시간과 전극 팁 온도와 더불어 증가하는 경향을 보이고 있으며 인장강도의 변동폭도 큰 것으로 나타나고 있다. 이것은 전극 팁의 온도를 일정하게 하여도 솔더 접합부인 계면온도는 상당한 차이가 있다는 것을 의미하고 있다.

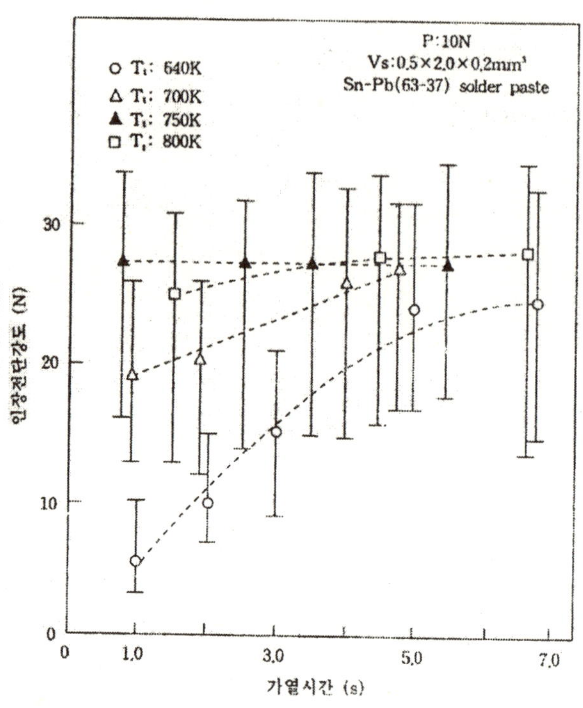

그림 6.85 펄스히트 가열방식에 의한 솔더접합부의 인장전단 강도

6.5.2.2.3 Peel 시험

IC 패키지의 리드와 기판상의 패턴과를 솔더링한 경우 솔더 접합부의 응력 분포는 리드의 형상과 환경조건에 따라 달라지나 대부분의 경우 하중 방향으로 부하가 걸리게 된다. 그림 6.86은 솔더 접합부의 peel시험 결과를 나타낸 것이다. 그림에서 peel 하중은 변위량의 증가와 더불어 파단개시 직전에서 하중의 최대값을 얻어 파단개시와 함께 peel 하중값은 급격하게 떨어지고 있다. 여기서, peel 하중값이 피크에서 곧바로 영으로 떨어지지 않고 2~3N의 값을 유지하고 있는 것은 솔더 필릿부위의 강도를 의미하고 있다.

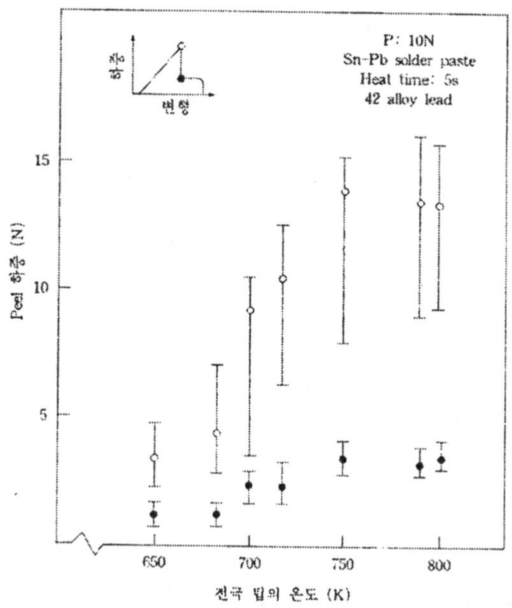

그림 6.86 펄스 히트 가열방식에 의한 솔더접합부의 peel 하중

6.5.2.3 장기 신뢰성 시험

솔더 접합부의 장기 신뢰성을 확보하는 차원에서 이루어지는 시험은 열피로시험, 크립시험, 진동시험, 열충격시험 및 전기화학적 시험 등이 있다. 기계적인 장기 신뢰성 시험은 솔더 자체의 초기강도와도 관련성이 있으며 대부분의 솔더는 소성변형을 수반하고 접합계면에 응력이 집중되어 계면에서 파괴를 일으키는 경우가 많다. 또한, 완전히 파괴하지 않아도 솔더나 접합계면에 미세 균열이 발생하여 그후의 신뢰성을 극단적으로 떨어뜨리는 위험성이 있다. 따라서, 각 공정에서 충분한 주의를 하여 미세균열의 발생을 막아야 한다.

6.5.2.3.1 열피로 파괴

열피로파괴는 구성재료의 열팽창계수 차이로 인해 발생하는 것으로 전기·전자재료의 부품은 대부분 이종재료로 구성되어 있기 때문에 접합부에 응력이 집중하여 파괴된다. 즉, 온도 변화나 전자회로의 발열, 냉각의 반복으로 인해 솔더 접합부에 응력이 집중하여 소성변형을 일으킨다. 이것이 미세균열을 발생시켜 최종적으로 파단하게 된다. 파단까지 이르는 시간 즉, 파괴수명은 접합부의 형상에 의존하며 상당 소성변형율, 반복주파수, 온도, 폭 등에 의해 결정된다.

열피로파괴시험은 식 12의 Manson-Coffin의 수정식을 이용하여 추정할 수 있다.

$$N_f = C \cdot f^m (\nabla \epsilon_p)^{-m} \cdot exp(\frac{Q}{kT_{\max}}) \qquad \cdots \text{ 식 12}$$

그림 6.87은 TSOP(Thin Small Outline Package)솔더 접합부의 균열 상태를 보인 것으로 온도변화에 따라 응력집중부에서 균열이 발생하여 성장한 것을 알 수 있다. 결국, 균열이 진전하여 솔더 접합부가 파단되면 전기적 단선 또는 접촉불량을 일으키게 된다.

솔더 합금의 열피로 특성은 온도, 반복부하의 속도(반복주파수), 변형율 속도, 첨가원소 등에 의존하게 되며 납을 함유하지 않는(Pb free)솔더의 열피로에 관한 연구도 활발히 진행되고 있다.

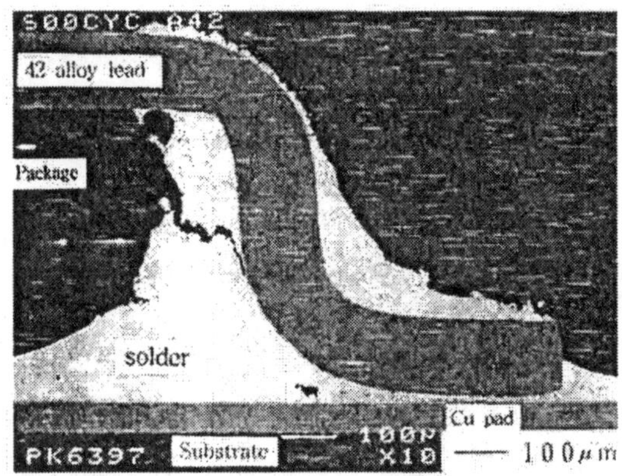

그림 7.87 TSOP 솔더 접합부의 균열

6.5.2.3.2 그립파괴

크립은 재료에 일정온도, 일정하중을 가하면 시간의 경과와 더불어 변형이 일어나는 성질이다. 솔더는 융점이 낮기 때문에 사용환경의 온도가 높으면 크립현상이 일어난다. 솔더의 융점은 183℃(Sn/Pb 공정조성) 전후에서 높아도 400℃정도이다. 반면에 사용 한계 온도는 50~150℃로 높은 경우가 많다. 크립현상은 사용환경온도가 솔더 융점의 40%이상인 경우에 일어나기 쉽다. 단, 전자부품의 구성재료는 이종재료가 많고 이종재료의 접합부는 구성재료의 응력완화로 응력을 흡수하여 솔더 접합부의 크립파단을 막아준다. 또한, 탑재되는 부품 및 소자가 가볍고 기하학적으로 구속되는 조건이 많기 때문에 크립에 의한 파괴는 많지 않다.

6.5.3 클래드재의 시험방법

탄소강, 저합금강의 재료에 내식성, 내열성 금속을 압연 또는 오버레이 등에 의해 금속결합한 것을 클래드강이라하며 클래드 금속으로는 스테인리스강, Ni, Cu-Ni, Ti 등이 이용되고 있다. 이러한 클래드재에서는 접합계면이 박리가 되는 것을 방지하기 위하여 접합계면에 대한 검사가 필요하다.

시험방법으로는 접합면에 작용하는 전단력에 대한 계면 박리강도를 시험하는 전단강도 시험이 사용된다. 또한, 접합계면에 금속간 화합물이 형성되기 쉬운 티타늄계 클래드강의 경우에 계면에서 균열이 발생하는 것에 대하여 측면 굽힘시험 등에 의해 가공성을 검사한다.

6.5.4 복합재의 시험방법

복합재에는 분산강화, 섬유강화, 입자강화 등의 강화요소가 있다. 이러한 복합재의 시험으로는 인장시험, 굽힘시험 및 피로시험, 크리프시험, 충격시험 등이 규정되어 있다. 여기서는 섬유강화 복합재에 대해 기술한다.

시험을 시행함에 있어서 유의할 것으로는 섬유의 방향과 섬유-매트릭스간의 응력전달에 관한 균질화가 있다. 섬유강화재는 FRP에서 많이 사용되며 각국에서 인장시험방법이 규정되어 있다. 그림 6.88은 인장시험편의 예를 나타낸 것이다. 굽힘시험에 대해서는 FRM에서 3점 굽힘시험이 주로 규정되어 있으나, FRP에서는 4점 굽힘에 대하여 규정한 곳도 있다. 이외에 FRP를 대상으로 한 인장/압축 부하에 의한 전단시험과 인장/굽힘의 하중 부하에 의한 피로, 크립, 충격시험 등이 규정되어 있다.

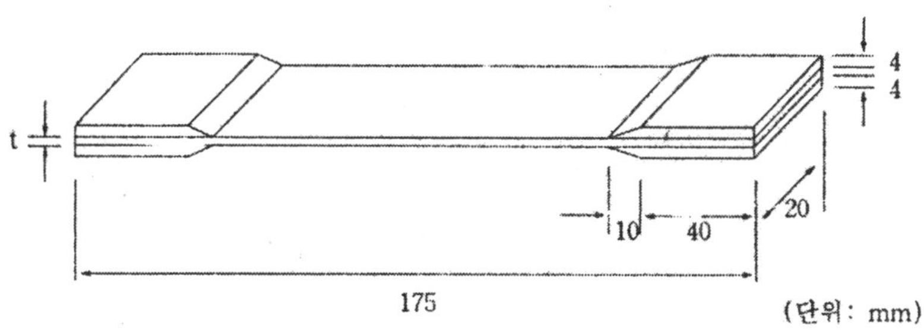

그림 6.88 FRM의 인장시험편 형상

참 고 문 헌

1. Mok-Young Lee, Hae-Woong Kim, "*On-line penetration depth measurement system using infrared temperature sensing on CO_2 laser welding*", APCNDT 2003, pp.192, 2003.
2. Mok-Young Lee, Hae-Woong Kim, "*Estimation of the penetration depth using surface temperature sensing in laser welding*", ICALEO, A446, 2003.
3. Ki-chol Kim, Mok-Young Lee, "*High speed lap seam weld ability of tin coated sheet steels*", JOM-9, 1999.
4. Ki-chol Kim, Mok-Young Lee, "*Proves parameters and their effect in condenser discharge welding*", IIW, 1996.
5. Philip A. Laplante, "*Real-time systems design and analysis*" IEEE press, 1997.
6. Robert Lafore, "*Object oriented programming in C++*", Waite Group Press, 1994.
7. Richard C. Dorf, "*Modern control system*", Addison-Wesley Publishing Company Inc, 1992.
8. 8XC196Kx, 8XC196jx, 87C196CA Microcontroller family user's manual, Intel Corporation, 1995.
9. Heimann, "Technical data for heimann thermopiles", TPS 424/434, 1996.
10. R. W. Richardson, A. Gutow, R. A. Anderson and D. F. Farson, "*Coaxial weld pool viewing for process monitoring and control*", Welding Journal, Vol. 63, No. 3, pp. 43 ~ 50, 1984.
11. J. J. Hunter, G. W. Bryce and J. Doherty, "*On-line control of the arc welding process*", Proceedings of the 2nd International Conference on Computer Technology in Welding, Cambridge, UK, June, pp. 37-1 ~ 37-12, 1988.
12. H. B. Smartt, P. Einerson, A. D. Watkins and R. A. Morris, "*Gas metal arc welding process sensing and control*", Proceedings of an International Conference on Trends in Welding Research, Gatlinburg, Tennessee, USA, 18-22, May, pp. 461 ~ 465, 1986.
13. R. S. Chandel and S. R. Bala, "*Effect of welding parameters and grove angle on the soundness of root beads deposited by the SAW process*", Advances in Welding Science and Technology, pp. 379 ~ 385, 1986.

14. R. L. Apps, L. M. Gourd and K. A. Nelson, "*Effect of welding variables upon bead shape and size in submerged-arc welding*", Welding and Metal Fabrication, No. 11, pp. 453~457, 1963.
15. P. A. Drayton, "*An examination of the influence of process parmeters on submerged arc welding*", The Welding Institute Report PE/4/72, 1972.
16. R. S. Kumar and R. S. Parmar, "*Weld bead geometry prediction for pulse MIG welding*", Proceedings of an International Conference on Trends in Welding Research, Gatlinburg, Tennessee, USA, 18-22, May, pp. 647~652, 1986.
17. T. Shinoda, and J. Doherty, "*The relationship between arc welding parameters and weld bead geometry: A literature survey*", The Welding Institute Report 74/1978/PE, 1978.
18. J. C. McGlone, "*The submerged arc butt welding of mild steel Part 1:The influence of procedure parameters on weld bead geometry*", The Welding Institute Report 79/1978/PE, 1978.
19. J. C. McGlone, and D. B. Chadwick, "*The submerged arc butt welding of mild steel Part 2: The prediction of weld bead geometry from the procedure parameters*", The Welding Institute Report 80/1978/PE, 1980.
20. J. Doherty, T. Shinoda and J.Weston, "*The relationships between arc welding parameters and fillet weld geometry for MIG welding with flux cored wires*", The Welding Institute Report 82/1978/PE, 1978.
21. M. Galopin, and E. Boridy, "*Statistical experiment in arc welding*", Proceedings of an International Conference on Trends in Welding Research, Gatlinburg, Tennessee, USA, 18-22, May, pp. 719~722, 1986.
22. J. C. McGlone, "*The submerged arc butt welding of mild steel-A decade of procedure optimization*", The Welding Institute Report 13/1980/PE, 1980.
23. J. Raveendra and R. S. Parmar, "*Mathematical models to predict weld bead geometry for flux cored arc welding*", Metal Construction, Vol. 19, No. 2, pp. 31R~35R, 1987.
24. R. S. Chandel, "*Mathematical modelling of gas metal arc weld features*", Proceedings of the Fourth International Conference on Modeling of Casting and Welding Processes, Palm Coast, Flor-ida, 17-22, April, pp. 109~120, 1988.
25. L. J. Yang, R. S. Chandel and M. J. Bibby, "*The effects of process variables on*

the bead height of submerged-arc weld deposits", Canadian Metallurgical Quarterly, Vol. 31, No. 4, pp. 289~297, 1992.

26. J. T. Liu, D. C. Weckman and H. W. Kerr, "*The effects of process variables on pulsed Nd: YAG laser spot welding: Part 1. AISI 409 stainless steel*", Metallurical Transactions, Vol. 24B, No. 12, pp. 1065~1076, 1993.
27. L. J. Yang, R. S. Chandel and M. J. Bibby, "*The effects of process variables on the weld deposit area of submerged arc welds*", Welding Journal, Vol. 72, No. 1, pp. 11~18, 1993.
28. Imanaga, et al., "*Development of torch position control and welding condition control technology for all-position, multi-layer GTA welding*", Welding International, Vol. 14, No. 5, p. 355~364, 2000.
29. J. E. Agapakis, et al., "*Vision-aided robotic welding : An approach and a flexible implementation*", The International Journal of Robotics Research, Vol. 9, No. 5, pp. 17~34, 1990.
30. David Nizan, "*Three-dimensional vision structure for robot applications*", IEEE Trans. on PAMI, Vol. 10, No. 3, pp. 291~309, 1988.
31. M. Tomizuka, "*Experimental evaluation of the preview scheme for two axis welding table*", Processings ASME 2nd international Computer Engineering Conference San Diego CA, Vol. 102, pp. 218-225, 1982.
32. M. Tomizuka, et al "*Design of digital feedforward/preview controller for processes with predetermined feedforward controllers*", Transaction of ASME Journal of Dynamic systems, Transaction of ASME Journal of Dynamic systems, Measurement and control, Vol. 102, pp 218-225, 1980.
33. Y. Suga, Y. Sano, "*Recognition of the weld line by a visual system and weld line tracking in automatic welding of thin aluminium*", Welding International Vol. 50, pp. 18-25, 1993.
34. Y. Suga, T. Kitaoka, K. Okawa, "*On detection of the weld line and automatic seam tracking by the a welding robot with a visual sensor for the lap welding of the thin aluminum plates*", Welding international Vol. 12, pp. 218-225. 1990.
35. H. Imai, M. Shinozuka et al, "*Disturbance decoupling by feedforward and preview control*", Transactions of the ASME, Journal of Dynamic system, Measurement and control, Vol. 102, 1993.

36. Lina G, Shapiro, Robert M, Haralick, "*Computer and robot vision*", Addison-Wesley publishing company.

37. K. S Fu, R.C. Gonzalea, C.S.G. Lee, "*Robotics (control, sensing vision, and intelligence)*", McGraw-Hill, International Edition.

38. Timthy J, ross "*Fuzzy logic with engineering application*", McGraw-Hill, International Edition.

39. Richard Siman, "Windows95 WIN342 Programming API bible I, II, III", Waite Group Press.

용접가공 일반

2007년 6월 20일 초판인쇄
2007년 6월 25일 초판발행

저 자 김일수 · 김중현 공저
발행인 **연규산**
발행처 **청범출판사**(등록 1991년 8월 13일 No. 5-282)
주 소 **서울시 노원구 공릉1동** 598-7
TEL : 971-5385
FAX : 977-8967

ISBN : 978-89-88247-33-4 정가 13,000원